U0312986

DRC

国务院发展研究中心研究丛书 **2021**

黄河流域生态保护和高质量发展
总体思路和战略重点

马建堂　主编

THE GENERAL APPROACH AND STRATEGIC FOCUS FOR ECOLOGICAL PROTECTION
AND HIGH-QUALITY DEVELOPMENT OF THE YELLOW RIVER BASIN

侯永志　何建武　卓　贤　等　著

中国发展出版社
CHINA DEVELOPMENT PRESS

图书在版编目（CIP）数据

黄河流域生态保护和高质量发展总体思路和战略重点/侯永志等著. —北京：中国发展出版社，2021.12

ISBN 978 - 7 - 5177 - 1176 - 6

Ⅰ.①黄…　Ⅱ.①侯…　Ⅲ.①黄河流域—生态环境保护—研究　Ⅳ.①X321.22

中国版本图书馆 CIP 数据核字（2021）第 279006 号

书　　　　名：	黄河流域生态保护和高质量发展总体思路和战略重点
著作责任者：	侯永志　何建武　卓　贤　等
出 版 发 行：	中国发展出版社
联 系 地 址：	北京经济技术开发区荣华中路 22 号亦城财富中心 1 号楼 8 层（100176）
标 准 书 号：	ISBN 978 - 7 - 5177 - 1176 - 6
经 销 者：	各地新华书店
印 刷 者：	北京市密东印刷有限公司
开　　　本：	710mm×1000mm　1/16
印　　　张：	13.5
字　　　数：	160 千字
版　　　次：	2021 年 12 月第 1 版
印　　　次：	2021 年 12 月第 1 次印刷
定　　　价：	68.00 元
联 系 电 话：	(010) 68990535　68990692
购 书 热 线：	(010) 68990682　68990686
网 络 订 购：	http://zgfzcbs.tmall.com
网 购 电 话：	(010) 68990639　88333349
本 社 网 址：	http://www.develpress.com
电 子 邮 件：	10561295@qq.com

"黄河流域生态保护和高质量发展
总体思路和战略重点"课题组

课题负责人：

  侯永志 国务院发展研究中心发展战略和区域经济研究部部长、研究员

  何建武 国务院发展研究中心发展战略和区域经济研究部副部长、研究员

  卓 贤 国务院发展研究中心发展战略和区域经济研究部副部长、研究员

课题协调人：

  施成杰 国务院发展研究中心发展战略和区域经济研究部研究室副主任、
     副研究员

课题组主要成员：

  孙俊山 国务院发展研究中心发展战略和区域经济研究部副部长（挂职）

  刘 勇 国务院发展研究中心发展战略和区域经济研究部二级巡视员、
     研究员

  宣晓伟 国务院发展研究中心发展战略和区域经济研究部二级巡视员、
     研究员

  刘云中 国务院发展研究中心发展战略和区域经济研究部研究室主任、
     研究员

  孙志燕 国务院发展研究中心发展战略和区域经济研究部一级调研员、
     研究员

  刘培林 浙江大学区域协调发展研究中心研究员、共享与发展研究院副院长

  贾 珅 国务院发展研究中心发展战略和区域经济研究部研究室副主任、
     研究员

王 詠 国务院发展研究中心发展战略和区域经济研究部二级主任科员、助理研究员

任保平 西安财经大学副校长，西北大学中国西部经济发展研究院院长、教授

周建军 清华大学水利水电工程系教授

鞠卫光 山东省政府发展研究中心宏观经济研究部部长

王宇飞 管理世界杂志社研究员

杨修娜 中国发展研究基金会项目主任、副研究员

邵 晖 北京师范大学经济与资源管理研究院副教授

张 曼 清华大学水利水电工程系助理研究员

汪婧煜 国务院发展研究中心发展战略和区域经济研究部实习生

罗翌桐 国务院发展研究中心发展战略和区域经济研究部实习生

安 琪 国务院发展研究中心发展战略和区域经济研究部实习生

深刻把握决策咨询工作新要求
为走好新征程贡献智慧和力量

马建堂

2021 年，是党和国家历史上具有里程碑意义的一年。在以习近平同志为核心的党中央坚强领导下，我们隆重庆祝中国共产党成立一百周年，实现第一个百年奋斗目标，开启向第二个百年奋斗目标进军新征程，沉着应对百年变局和世纪疫情，构建新发展格局迈出新步伐，高质量发展取得新成效，实现了"十四五"良好开局。党的十九届六中全会通过的《中共中央关于党的百年奋斗重大成就和历史经验的决议》，深刻总结了党在百年波澜壮阔、气壮山河的发展历程中所取得的惊天动地、改天换地的巨大成就和过去坚持、现在坚持、将来仍需坚持的宝贵经验，深刻阐明了党百年奋斗的历史意义和新时代党的使命担当，必将指引全党全国各族人民以史为鉴、开创未来，埋头苦干、勇毅前行，走好新征程、奋进新时代、创造新伟业。

放眼全球，百年未有之大变局加速演进，世界进入动荡变革期，机遇与挑战并存；立足国内，我国进入向第二个百年奋斗目标进军的新征程，发展具有多方面优势和条件，但也面临不平衡不充分问题，潜力和矛盾共生。新征程上的新形势新变化，对我们认真贯彻落实习近平总书记关于国家高端智库建设重要论述、高质量推进决策咨询事业、走好新的赶考之路，提出了更高更迫切的要求，需要我们在党的创新理论引领下，按照党中央战略决策部署，对党和国家事业中的重大问题深入分析研判、科学谋划对策，更好发挥建言咨政和参谋助手作用。

近年来，国务院发展研究中心坚持以习近平新时代中国特色社会主义思想为指导，深入学习贯彻党的十九大和十九届中央历次全会精神，弘扬伟大建党精神，牢记"智库姓党"，胸怀"两个大局"，聚焦主责主业，持续提高综合研判和战略谋划能力，加快体制机制创新，着力深化国际交流合作，奋力开创决策咨询工作新局面。在创新实践中，我们形成并不断深化了走好新征程对于决策咨询工作新要求的认识。

走好新征程，要求我们更加深入学习贯彻习近平总书记对中国特色新型智库建设的重要指示批示，更好把握决策咨询工作规律。中国特色新型智库是国家软实力的重要载体，是党和政府科学民主依法决策的重要支撑。建设中国特色新型智库，是以习近平同志为核心的党中央立足党和国家事业全局作出的重要决策部署。党的十八大以来，我国高端智库建设取得了长足进步，在出思想、出成果、出人才方面取得了很大成绩，为推动改革开放和社会主义现代化建设作出了重要贡献。同时，我们也清醒认识到，我国具有较大影响力和国际知名度的高端智库仍相对缺乏，智库领军人物和杰出人才仍有待涌现，研究成果与高质量发展的目标要求仍不太适配。新征程对咨询机构建设和决策咨询工作提出了新需求，主要体现在：亟须加强智库组织形式和管理方式创新，进一步优化智库资源配置；亟须加快打造高素质、专业化、复合型的忠诚干净担当的决策咨询人才队伍，尤其是具有国际影响力和战略擘画力的高层次人才；亟须对国际国内重大形势变化和深层次重大问题进行系统、科学、战略研判，进而形成高质量的决策咨询成果；亟须拓展高端智库国际视野，讲好中国故事，不断提升我国的国际影响力和话语权。在新征程上，我们必须牢牢把握决策咨询工作规律，深刻认识新征程对智库建设的新需求，深入调查研究，不断改革创新，努力提出强国兴国的新对策、利国利民的好建议。

走好新征程，要求我们更加自觉以党的创新理论为指导，加快国际一流决策咨询机构建设步伐。理论武装是走好新时代长征路的政治保证。新征程上，作为服务党和政府的决策咨询机构，我们必须始终牢记"智库姓党"，旗帜鲜明坚持党对咨询研究工作的全面领导，牢固树立和坚决贯彻决策咨询机构服务于党和人民事业的理念，坚持以人民为中心、着眼国家整体利益开展决策咨询研究。要不断增强政治意识、夯实思想根基，贯彻好党的基本理论、基本路线、基本方略，持续运用党的创新理论指导咨询研究实践、推进政治机关建设。要把更好学习贯彻党的创新理论和中央决策部署作为根本方向，善于运用马克思主义的立场、观点和方法，找准党的创新理论在咨询研究工作中的落脚点、结合点、创新点，强化问题导向、目标导向、效果导向，更好运用党的创新理论来观察时代、把握时代、引领时代。

走好新征程，要求我们更加主动聚焦"国之大者"，以广视野大担当做好决策咨询研究。"不谋万世者，不足谋一时；不谋全局者，不足谋一域。"新征程上，作为为党中央、国务院出谋划策的研究者，我们必须增强全局视野和系统观念，把咨询研究工作置于党和国家事业发展大局之中。切实把为中央决策提供高质量服务作为初心使命，高质量完成中央交办的任务，为中央提出更多科学精准、务实管用的对策建议。要胸怀"两个大局"，聚焦"国之大者"，深刻理解和把握中央在关心什么、强调什么，什么是党和国家最重要的利益、最关注的问题，做到在重大问题研判上眼睛明亮、头脑清醒，在重大建议谋划上贴合实际、直指要害。要进一步着眼重大理论和实践问题，把握经济社会发展规律，特别是紧紧围绕立足新发展阶段、贯彻新发展理念、构建新发展格局、推动高质量发展，开展深入系统的调查研究，逐步完善根植中国大地、贴近中国实际、具有中国特色的政策研究规范和理论话语体系。

走好新征程，要求我们更加努力推进能力建设，以更高质量的成果更好服务党和政府决策。"知之真切笃实处即是行，行之明觉精察处即是知。"新征程上，作为服务党和政府的决策咨询机构，我们必须坚定不移加强能力建设，培养政治家的站位、哲学家的思辨、科学家的缜密，加强研究人员的思想淬炼、政治历练、实践锻炼、专业训练，提高政治站位、增进政治智慧，不断提高政治判断力、政治领悟力、政治执行力。要进一步瞄准国家重大战略需求，紧盯重点领域和关键环节，善于用百年未有之大变局的宽广镜头来观照现实，善于从多个角度、多个维度看世界，在把握大局大势中找到坐标、找准定位，不断增强综合研判和战略谋划能力。要大力提升调查研究能力，做好做足"脚底板下的文章"，迈开步子、走出院子，扑下身子、沉到一线，捕捉新情况、新问题、新做法。要不断推进研究方式方法创新，加强对大数据等新技术的运用，为研究成果的科学性、可靠性提供坚实有力支撑。

　　走好新征程，要求我们更加深刻阐释党的理论和路线方针政策，以与时俱进的传播方式不断弘扬正能量、传播好声音。高端智库是思想产品的制造者，也是思想产品的传播者。新征程上，作为国家高端智库，我们要切实围绕党的创新理论和路线方针政策，更加积极主动开展政策解读，着力在视野广度、立论角度、理论深度、创新力度上下功夫。要做实传播平台，拓宽传播渠道，完善传播方式，逐步形成多层次、广覆盖的研究成果传播体系。要健全成果发布机制，打造智库传播品牌，推出更多研究咨询精品力作，形成良好社会效应。要打造和用好论坛等重要国际交流平台，持续讲好中国故事、传播好中国声音。要深化与国际组织、国外政府部门、国际知名智库、主流媒体和权威学术期刊的交流合作，积极用好国外社交媒体，持续提升对国际社会的影响力、引领力。

　　现在奉献给各位读者的这套"国务院发展研究中心研究丛书2021"，是过去一年多来国务院发展研究中心部分代表性成果的集中展示，也是中心自2010年以来连续第12年将研究成果集结出版。本年度丛书共包括9部著作，其中，《全面建成小康社会进展情况研究与评估》是国务院发展研究中心重大课题研究成果，《迈向2035年的中国乡村》《提升产业基础能力和产业链现代化水平研究》《黄河流域生态保护和高质量发展总体思路和战略重点》《推动共建"一带一路"高质量发展：进展、挑战与对策研究》等7部是国务院发展研究中心重点课题研究成果，还有1部是部（所）重点课题研究成果。12年来，中心出版的丛书累计160余种，受到社会各界，特别是中央和地方各级领导同志以及决策咨询研究机构工作者的高度认可与广泛好评。在此，我谨代表国务院发展研究中心和丛书编委会，向广大读者表示真诚的感谢！希望丛书继续得到领导、专家、读者们的关心、指导和帮助！

"雄关漫道真如铁，而今迈步从头越。"走上新的"赶考"之路，我们要更加紧密地团结在以习近平同志为核心的党中央周围，深刻认识"两个确立"的重大意义，持续深入学习贯彻习近平新时代中国特色社会主义思想，更好践行"为党咨政、为国建言、为民服务"职责使命，唯实求真、守正出新，为在新时代新征程上赢得更加伟大的胜利和荣光，贡献更多的智慧和力量。

2021 年 12 月

（作者为国务院发展研究中心党组书记）

目　录

总报告

黄河流域生态保护和高质量发展
总体思路和战略重点

　　黄河是世界第五长河、中国第二长河，流经 9 个省区①。黄河流域既是我国重要的生态屏障，也是经济转型发展的重点区域，在我国现代化建设中具有重要意义。中华人民共和国成立后，黄河治理取得举世瞩目的巨大成就，创造了岁岁安澜的奇迹。2019 年 9 月，习近平总书记提出黄河流域生态保护和高质量发展的重大国家战略。本研究从黄河流域的基础特征出发，归纳其面临的制约因素，提出新时期推动黄河流域生态保护和高质量发展的总体思路和战略重点。

一、黄河流域的基础特征

（一）黄河流域是我国生态安全的重要屏障，但生态环境十分脆弱，水资源匮乏

　　黄河源自青藏高原巴颜喀拉山北麓，由西向东横跨我国地势三大

---

　　① 根据《黄河流域综合规划（2012—2030 年）》，黄河干流河道全长 5464 千米，流域面积 79.5 万平方千米（包括内流区 4.2 万平方千米），流经青海、四川、甘肃、宁夏、内蒙古、山西、陕西、河南、山东等 9 省区。

台阶，流经青藏高原、内蒙古高原、黄土高原、华北平原等四大不同地貌单元。黄河流域内拥有多个重要生态功能区域（如三江源、秦岭、祁连山、六盘山、若尔盖等），承担着涵养水源、防治荒漠化、保持水土等重要的生态服务功能，是我国北方地区重要的生态安全屏障。但黄河流域涵盖干旱、半干旱、半湿润地区，整体水资源匮乏，生态系统面临退化风险。《2020 年中国水资源公报》显示，黄河流域水资源总量只占全国的 2.9%，远低于其人口和经济总量占比。其中，上游气候干旱，密集分布农牧交错带、黄土高原、荒漠绿洲交接带等生态脆弱区，局部区域土地沙化、水土流失严重。下游受河槽淤积影响，自古水患频繁，而且河口自然湿地退化趋势明显。

（二）黄河流域是我国北方经济重要支撑，但发展水平整体偏低，且近年来经济增速呈现更为明显的下滑趋势

黄河流域涉及西北和华北大部分区域，已成为我国北方地区经济和社会发展的重要支撑力量。2020 年，黄河流域人口和 GDP 占整个北方区域合计的比重分别达到 59.0% 和 46.8%。不过从发展水平来看，黄河流域整体还是很低。2020 年，黄河流域各省区人均 GDP 为 60857元，略低于北方地区平均水平，只相当于全国平均水平的 84.7%。分省份来看，黄河流域除了内蒙古和山东外其他 6 个省份人均 GDP 均低于全国平均水平，其中最低的甘肃人均 GDP 只有全国的一半（见图 1）。①而且，近些年来黄河流域经济增速呈现明显下滑趋势。与 2000 ~ 2012年相比，2013 ~ 2020 年黄河流域经济增速下滑了 5.0 个百分点，比全

①　根据《黄河流域综合规划（2012—2030 年）》，内蒙古托克托县河口镇与河南郑州桃花峪分别为黄河干流上、中、下游划分的分界点。据此，可将黄河流域按省级行政区单元划分为三大区域：上游地区包括青海、四川、甘肃、宁夏和内蒙古，中游地区包括山西和陕西，下游地区包括河南和山东。由于四川只有少数区域属于黄河流域，在按省级行政单元进行数据测算时没有包括四川。

国平均下滑幅度高0.5个百分点。其中，内蒙古下滑幅度最大，达到9.2个百分点，相当于2000~2012年经济增速的62%。

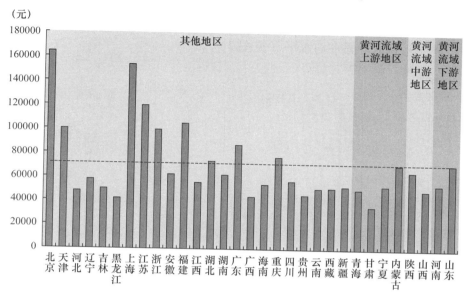

图1 2020年黄河流域各省区人均GDP

资料来源：Wind。

（三）黄河流域地处我国东西交通大动脉，中下游交通区位条件相对较好，但上游交通瓶颈仍然突出

黄河流域上起青藏高原，下接渤海；东有出海口可直达东亚日韩，北接蒙古国可沟通中俄，西连中亚可深入欧洲中心；拥有横贯东西的陇海、青太等交通大动脉，是欧亚大陆桥的重要组成部分。随着共建"一带一路"的推进，沟通东西、连接内外的交通区位优势日益显现。但从流域内部看，上中下游之间差异较大。黄河流域中下游交通区位条件相对优越，历史上在相当长的时期是我国政治、经济、社会和文化中心。中下游地区特别是下游地区基础设施四通八达，交通便捷高效。郑州、西安等城市已成为国家综合交通运输的重要枢纽。上游河

源段及峡谷段地形复杂多样，且深居欧亚大陆腹地，远离现代经济中心，基础设施相对落后，交通可达性低，区位条件相对较差。2020年，黄河流域部分省份铁路和高速公路密度仍然不足100千米/万平方公里，远低于全国平均水平（见图2）。

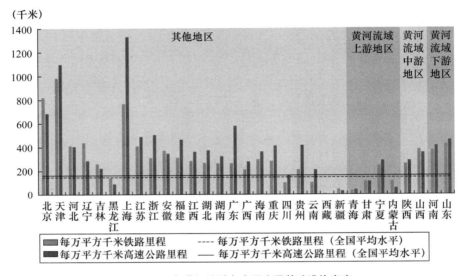

图2　2020年黄河流域各省区交通基础设施密度

资料来源：《中国统计年鉴》。

（四）黄河流域是我国重要工业基地，但工业化水平整体仍然偏低，中上游省份更多依赖资源型产业

黄河流域矿产资源特别是化石能源资源丰富，是我国重要的矿产资源开采加工基地，很多矿产品产量及其加工品产量在全国占有很高的比重。如，2020年黄河流域的原煤、原盐、焦炭、烧碱、纯碱、农用化肥、粗钢分别占比80%、36%、56%、49%、47%、44%和23%。但整体来看，黄河流域工业化水平偏低。根据最新的投入产出表，黄河流域多数省份制造业比重远低于全国平均水平（31%），如青海、甘肃、宁夏、内蒙古和山西分别只有18%、19%、23%、13%和

17%；2020年整个流域农业劳动力平均占比达到28%，显著高于全国平均水平，其中最高的甘肃达到45%；城镇化率平均只有60.2%，显著低于全国平均水平。从制造业内部结构看，上游省区传统资源密集型产业占比高（见图3），高耗能、高耗水、高排污问题突出。如陕西能源工业增加值占比接近50%，宁夏煤炭、电力、化工等行业增加值占比超过60%，甘肃总产值排名前5位的制造业部门有4个是资源密集型产业（有色金属加工、石油加工、建材和钢铁）。

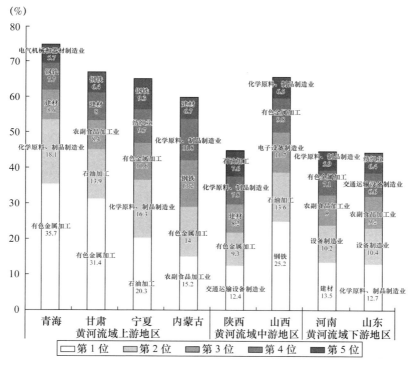

图3　2019年黄河流域各省区总产值排名前5位的制造业部门

资料来源：《中国工业统计年鉴》。

（五）黄河流域是"一带一路"重要走廊，但开放水平普遍偏低，越靠近下游开放程度越高

丝绸之路是古代沟通中西方的重要通道，古丝绸之路的起点和重

要的节点都位于黄河流域，黄河流域曾是古代中国对外贸易往来、人文交流最为频繁的区域。然而当下的黄河流域开放水平却偏低，且不平衡。从进出口贸易来看，2019 年黄河流域 8 个省区进出口贸易之和只占全国进出口贸易总和的 11%，而同期这 8 个省区的 GDP 之和占全国各省份 GDP 总和的 20%。数据显示，黄河流域所有省份的对外贸易依存度均低于全国平均水平（见图 4）。其中，最高的山东比全国平均水平仍低 2 个百分点，最低的青海对外依存度只有 1% 左右。整体看，流域内部中下游省份对外开放程度要显著高于上游省份。

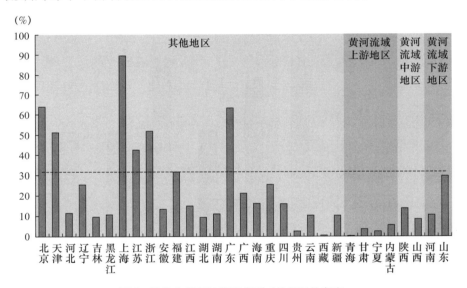

图 4　2019 年黄河流域各省区对外贸易依存度

资料来源：《中国统计年鉴》。

（六）黄河流域居民收入水平偏低、城乡区域差异较为明显，教育、医疗、养老等民生领域也存在短板

无论是与发达省份相比，还是与全国平均水平相比，黄河流域居民收入水平都偏低。2020 年黄河流域居民人均可支配收入仅相当于全国平均水平的 85.0%，分别约为浙江、江苏和广东的 52.7%、63.6%

和67.3%。同时，流域内城乡区域差距也较为显著，城镇居民可支配收入是农村居民可支配收入的2.53倍；最低的甘肃人均可支配收入只达到最高的山东的61.8%。同时，黄河流域教育、医疗、养老等领域的投入水平和发展水平也偏低，且流域内部发展很不平衡（见图5）。从教育资源供给看，2019年，只有青海、内蒙古和陕西一般预算教育

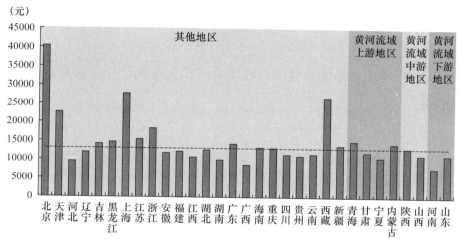

2019年义务教育阶段生均一般预算教育事业费支出

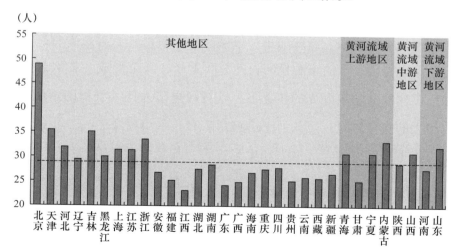

2020年每万人拥有执业（助理）医师数

图5 黄河流域各省区教育经费和执业医师数量

资料来源：《中国统计年鉴》。

事业费支出高于全国平均水平，其他省区均低于全国平均水平，最低的河南只有全国平均水平的 60%。从医疗资源供给看，2020 年，流域每万人拥有执业（助理）医师数整体水平略高于全国平均水平，但甘肃、陕西和河南低于全国平均水平。

二、黄河流域生态保护和高质量发展面临的重要制约

（一）水患威胁依然突出，确保黄河长久安澜是一个长期而艰巨的任务

黄河历史上决堤、改道、洪灾频发，有"三年两决口、百年一改道"之说，给两岸民众带来了深重灾难。其深层原因就在于黄河"水少沙多"引起下游河道淤积抬高，形成地上悬河。新中国成立后，黄河治理取得巨大成就，实现岁岁安澜的奇迹。特别是随着小浪底水库运行、上中游工程拦沙和暴雨减少，黄河近年来沙明显减少，不少人认为无需再把防洪作为首要任务。但研究表明，在气候变暖大背景下，黄河流域暴雨增加、侵蚀加重、再度多沙的可能性较大，工程拦沙库容总量也有限。当前下游悬河长达 800 千米，甚至形成"二级悬河"。在已多次加高防洪大堤的情况下，若黄河再陷入持续淤积的情境，会有很大的安全风险。而黄河下游城市广布、人口密集，一旦真的发生决口将带来巨大的经济损失和生态灾害，甚至可能影响到我国现代化全局。因此，必须从长远和全局出发，始终把确保黄河长久安澜摆在首位。

（二）发展和保护矛盾突出，并可能进一步加剧

一方面，黄河流域是横贯我国北方的重要生态廊道，在涵养水源、

防治荒漠化、保持水土等方面发挥着不可替代的作用，对保障我国生态安全具有全局性意义。同时，其生态环境本底脆弱，一旦遭受破坏恢复难度大，水资源供求也十分紧张，对经济社会发展存在刚性约束。另一方面，黄河流域人口众多，是我国北方经济的主体区域，人民群众收入偏低、公共服务短板较多，近年来经济增速还出现下滑，发展任务也十分艰巨；其进一步发展对缩小南北差距、促进全国平衡发展意义同样重大。因此，与京津冀、长三角、粤港澳等全国其他重要战略区域相比，黄河流域发展和保护的矛盾格外突出。特别是黄河流域工业化、城镇化尚未完成，其进一步发展，不可避免地对土地、资源、环境产生新的压力，会进一步加剧发展和保护的矛盾。以最突出的水资源供求矛盾为例，黄河流域要以约占长江流域 7.6% 的水资源，支撑相当于长江经济带 70% 的人口①；而随着城镇化推进，未来生活用水的刚性需求还将快速增长。发展和保护的矛盾，是黄河流域生态保护和高质量发展必须破解的核心问题。

（三）创新能力不足，难以支撑产业转型升级

黄河流域制造业基础较为雄厚，"十三五"期间，其新增制造业企业平均注册资本超出全国平均水平近八成，远超过京津冀、长三角、珠三角三大经济区企业平均注册资本（见图6）。但在全国总体产能过剩、流域环境约束不断增强的背景下，黄河流域要实现经济持续增强、破解发展和保护的矛盾，必须抓住新一轮科技革命和产业变革的机遇，推动产业转型升级。但相较全国其他重要战略区域，黄河流域的高校、研发机构、创新性领先企业都明显不足，且较分散。例如，

---

① 资料来源：根据《2019 年中国水资源公报》和《中国统计年鉴》相关数据计算。

2020 年黄河流域知识密集型企业占其全部在营企业注册资本的比重为 6.2%，低于京津冀（8.8%）、珠三角（8.6%）和长三角（6.5%），也低于全国的平均水平（7.3%）。

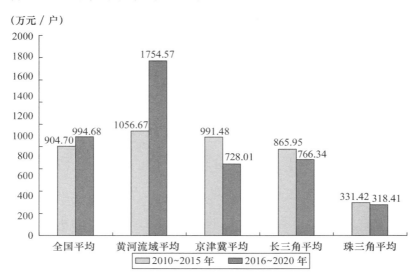

（万元／户）

图 6 制造业企业平均注册资本对比情况

资料来源：国务院发展研究中心区域经济数据库。

（四）区域内合作的基础和条件薄弱，不如京津冀、长三角和粤港澳地区

黄河流域相较全国其他国家重要战略区域，缺少发展优势突出的龙头地区。经济发展水平最高的山东，2019 年人均 GDP 仅相当于北京的 43%、上海的 45%，带动能力不足。相较于京津冀、长三角、粤港澳地区内部比较明显的产业结构差异，黄河流域内发展优势地区与其他沿黄省区产业梯度差异较小，产业互补性不强。沿黄省区间的人员流动和联系也明显较弱。根据第六次全国人口普查数据推算，山西、内蒙古、山东的人口第一大流向地是北京，河南、四川、陕西的人口第一大流向地是广东，甘肃的人口第一大流向地是新疆，山东、河南

等经济大省都不是其他沿黄省区的人口前三大流向地。如果以地区生产总值扣除最终消费和资本形成后的剩余占地区生产总值的比例，来衡量一个区域的域外资源投放能力，可以发现：多数沿黄省区都是发展资源"缺口"地区，开展区域合作的物质基础不强（见表1）。

表1　　　　沿黄省区生产剩余相对 GDP 比重与长三角地区对比

地　区	生产剩余/GDP（%）	地　区	生产剩余/GDP（%）
长三角地区		黄河流域	
上海	2.9	山东	1.4
江苏	6.4	山西	-2.5
浙江	6.8	内蒙古	-16.6
安徽	-0.8	河南	-21.6
—	—	四川	-1.1
—	—	陕西	-10.0
—	—	甘肃	-20.0
—	—	青海	-117.6
—	—	宁夏	-71.9

资料来源：根据国家统计局公布的2017年区域数据计算。

三、黄河流域生态保护和高质量发展的总体思路

（一）在发展路径上，要实现生态保护、高质量发展和民生改善有机结合

黄河流域生态意义重大、生态环境脆弱，一方面，必须坚持生态优先，将环境承载力作为开发建设全过程的"红线"，实施最严格的生态保护政策，以此倒逼产业转型，促进土地、水等资源要素更加高效利用，推动高质量发展。另一方面，要把高质量发展作为生态保护的重要支撑，通过支持绿色清洁产业发展，吸纳传统产业就业，推动

生产方式绿色化、清洁化；通过支持环境承载力高的区域和中心城市发展，吸引环境承载力较低区域人口转移，推动经济社会活动与环境承载力相匹配。同时，要在生态保护和高质量发展中不断改善民生，通过建立生态横向补偿机制，畅通"绿水青山"向"金山银山"的转化途径，补偿生态保护重点地区损失的发展机会；通过提升绿色清洁产业就业的数量和质量，提供更多生态公益岗位，在生产方式转型过程中提高民众收入水平。

（二）在空间布局上，要实现统筹谋划和因地制宜有机结合

一方面，黄河治理是一个系统工程，必须统筹谋划。以水沙调节为例，黄河水患虽然出现在下游，但导致下游河道抬升的泥沙大多源于中游，而黄河来水又主要源自上游，因而必须协同推进下游滩区治理与防洪建设、中游水土流失治理和上游水源地保护。又如，破解水资源供求矛盾，必须使其在全流域实现最有效利用，并保证沿线居民公平的用水机会。另一方面，黄河流域横跨我国北方东、中、西三大地理阶梯，以及半湿润、半干旱、干旱三大气候带，不同区域自然条件、人口密度、经济水平差别很大，生态保护和高质量发展面临的主要难点也并不相同，在产业选择、环境治理、人口布局等方面必须因地制宜，不能简单"一刀切"。因此，必须在中央与地方、地方与地方、政府与市场之间形成合力，在环境治理、产业发展、空间布局等方面制定更加详细的规划，在促进流域整体公共利益最大化的前提下发挥地方自主性，在充分加强相关法规和规划约束作用的前提下发挥市场引导作用。

（三）在推动方式上，要实现区域协同和内外联动有机结合

破解黄河流域生态保护和高质量发展面临的制约，需要从流域内

部和流域外部两个方面着力。一方面，需要加强流域内部的区域协同。要共抓大保护，增强不同地区环境治理举措的耦合性，促进生态环境协同共治；要加强交通基础设施互联互通，推动商品和要素市场一体化，优化资源要素空间配置；要整合科技资源，加强创新协作，协同促进产业转型升级；要加大中心城市对周边区域的辐射带动作用，提升基本公共服务均等化，促进发展成果共享。另一方面，需要加强流域外部的支持力度。要优化生产力布局，依托基础条件较好的区域中心城市，在重大数字基础设施建设、科技资源投入等方面加大支持力度，为流域产业转型升级创造物质、技术和智力条件；要加大转移支付力度，特别是对上游水源涵养区、中游"多沙粗沙区"、下游滩区等生态治理任务重而自身财力薄弱的地区提供稳定的财政支持，推动经济优势地区在资金、产业、人才等多个方面对口支持其发展；要依托"一带一路"积极参与国际大循环，进一步加强与京津冀、长三角、粤港澳、成渝等国家重大战略区域的联系，更好地融入国家发展大局。

四、黄河流域生态保护和高质量发展的战略重点

（一）依托"一带一路"，参与国际大循环

黄河流域是中华文明起源地，也是自古以来文化交流融合的开放地。依托"一带一路"建设，积极参与国际大循环，有助于打造高水平对外开放平台，强化与周边国家经贸合作，并以协同开放推动区域发展从单兵突进转向一体化推进。

第一，上游地区应着力打造内外联通新平台。大力建设中巴、孟中印缅等对外经济走廊，通过开展多层次区域经贸交流合作，打造面

向国际的内外联通新平台。具体而言，应从四个方面全方位拓展开放：向北拓展，积极推进中蒙俄经济走廊建设；向南拓展，依托陆海新通道，联结粤港澳大湾区、北部湾经济区，全力开通东南亚国际市场；向东拓展，实现对东部地区和日韩区域高质量产业集群的有效承接；向西拓展，凭借中欧班列等亚欧通道，实现与欧洲部分国家的高质量经贸往来。

第二，中游地区应着力打造区域协同开放平台与世界文明交流平台。应该坚持开发与保护并重，发挥内蒙古地处上、中游分界点的特殊区位作用，加强区域中心城市的辐射带动作用，盘活中游，疏通上下游，打造区域协同开放平台。同时，着力打造世界文明交流平台，构建上中下游结合的纽带，以传统文化为积淀、以中国故事为载体，对内寻求文化认同，对外促进文明交融，为构建高水平开放平台注入精神动力。

第三，下游地区应着力打造高端产业融合平台与科技创新合作平台。下游地区人口和劳动力资源丰富，经济发展和城市化水平相对较高，应坚持集聚集约发展，进一步发挥大型城市规模效应，助力产业资源集聚，打造具有国际竞争力的高端产业融合平台。同时，应推动创新资源和创新平台的建设和共享，鼓励海外创新人才团队到沿黄省区创新创业，大力吸引并支持海外资本和创新成果在沿黄省区转化落地。

（二）南联北融，融入国家发展大局

黄河流域相关省区产业结构层次较低、创新能力薄弱，应当借助发展优势地区的资金、技术来突破瓶颈制约。而从某些方面看，沿黄省区与京津冀、长三角、粤港澳等发展优势地区的经济社会联系比沿黄各省区之间更加紧密，产业互补性更强。应结合地理区位，依托现有区域联系，融入国家发展大局，更好发挥发展优势地区的带动作用，助力沿黄省区加快高质量发展。

一是强化北京对山西、内蒙古、宁夏等省区的辐射带动作用。张呼高铁、京张高铁开通运行后，晋中、晋北、蒙中地区均已进入北京两小时高铁通勤圈。未来包银铁路贯通后，银川至北京的铁路通勤时间也将大幅缩短。北京辐射带动这些地区转型发展的基础进一步夯实，在产业转型升级、区域创新发展、生态环境协同治理等方面可以开展更加深入的合作。

二是强化山东与京津冀、长三角地区的区域合作，做强沿海经济带的发展洼地。山东处于京津冀与长三角的中间位置，同这两个地区有长期经济社会联系。但由于多种因素，山东一些城市的枢纽节点功能发挥不充分，在沿海经济带形成不少发展洼地。未来应着力加强京津冀、长三角与山东的合作，借助各方资源加快"洼地"城市发展，使山东成为沿海经济带发展的重要支撑，形成更强的带动黄河流域发展的能力。

三是强化河南与粤港澳、京津冀地区的区域合作。河南依托京广线、京九线，与京津冀特别是粤港澳已形成紧密联系。例如，广东是河南引进产业的重要来源地，也是河南向外转移人口的重要流向地。从人口、区位等条件看，河南发展要素基础条件好、产业发展和市场成长空间巨大。从发展态势看，河南是"十三五"时期经济增速最高的北方省份。应顺应这一形势，进一步深化河南与京津冀、粤港澳地区的区域合作，使河南成为黄河流域转型发展的重要支撑。

四是加快建设成渝双城经济圈，更好发挥其对青海、甘肃、陕西等周边省区的辐射带动作用。随着长江经济带、西部陆海新通道建设的推进，成渝地区与长江中下游和粤港澳地区的联结更加紧密，合作空间更大。应支持成渝地区加快建设成为西部地区的经济中心、科技创新中心和开放高地，并发挥其对青海、甘肃、陕西等周边省区的辐射带动作用。

（三）联结万里黄河，强化上中下游互动

黄河流域横跨我国三大地形台阶、三大干湿气候带和东中西三大经济带，既面临自然降水时空分布不均带来的"水多、水少"问题，也面临流域内不同地区资源禀赋、分工地位不同带来的经济发展差距较大的问题。需要以系统思维推动上中下游互动合作，统筹推进生态保护和高质量发展。

第一，上中下游协同优化水资源配置。尽管黄河全流域已实施水资源动态分配管理，但总体上仍是基于各地区上一发展阶段的历史用水规模作为分配基准。这种分配方法的弊端随着经济结构转型日益凸显，既难以维护整个流域水资源分配的公平性，也不利于发挥水资源的约束作用。应综合各地区生态环境条件、人口空间分布和城镇体系演变总体趋势，进一步明确沿黄主要地区在国家高质量空间布局中的主体功能（如粮食主产区、水源涵养区、水土保持区、城市化承载区等），针对沿黄地区高质量发展转型需求和未来黄河流域可供水资源量的远景预测，建立更高水平的动态配置机制。

第二，上中下游协同推进水生态系统治理。防洪抗旱是黄河全流域面临的共同问题，但相对来说，中下游主要面临洪涝问题，而上中游主要面临干旱问题。应坚持"上蓄、中坝、下疏"，在上游地区继

续修建必要的水库和灌溉系统，在中游地区提高防洪堤坝建设标准并加大引水灌溉能力，在下游充分发挥小浪底水利工程冲沙作用稳定河床。要强化黄土高原水土流失治理，有效减少中游黄土高原泥沙产量、输送量和下游河道淤积量。要强化上中下游各河段污水治理和排放监控，实现达标排放和水体污染物总量控制。

第三，上中下游协同推进经济社会一体化发展。要突破财税体制、土地规划、考核机制等对流域内要素流动的制约，引导人口、资本、资源等各类要素在全流域更合理配置。要以水权、碳排放权、森林/草原碳汇等为核心，建立全流域生态产品价值实现的一体化机制，优化人口、产业空间布局。要以城市群为重点，建立财政能力均等化机制、公共服务成本分担和生态补偿机制，推动全流域不同地区功能分工深化。要以拓展和延伸城市功能为重点，建立城乡一体化发展机制，推动流域内城镇化由点状分散转向协同互动。要推动跨地区重大生态工程、流域性基础设施以及经济产业项目深入推进。

（四）建设推动黄河流域高质量发展的城市群和中心城市平台

黄河流域城镇化潜力很大，但流域资源环境约束明显，上中下游城市能级差异大，特别是甘肃、青海、宁夏和内蒙古的很多城市的能级较低。因此，黄河流域城镇化要以生态、能源、粮食安全为底线，以全流域"大协同"推动城镇空间体系优化，切实转向以"人"为中心的绿色城镇化。

第一，加强黄河全流域城镇化的"大协同"，"宜大则大、宜小则小"，建立与生态环境相适宜的城镇空间体系。上游地区人口基数较少、环境条件较为脆弱，应以省会城市为中心，适度发展大城市，提高人口、经济的空间集中度。中游地区则要着力构建以大中城市为主体的城市群或城市绵延带，考虑到生态环境约束，不宜发展人口规模过大的特大城市。下游地区要进一步扩大城市规模，培育更多具有更强辐射影响力的中心城市，构建多中心、网络化的空间格局。

第二，构建以省会为中心城市、城市群为主体形态的"五大"城市群。一是黄河上游城市群。以兰州为中心，银川、西宁为副中心，深度融合兰西城市群和宁夏沿黄城市群。二是黄河上中游城市群。以呼和浩特、包头为中心，融合"呼包鄂榆"城市群。三是黄河中游城市群。以西安、太原为中心，融合关中平原和太原城市群。四是中原城市群。以郑州、洛阳为中心，将陇海线、京广线、济郑线作为发展轴线。五是山东半岛城市群，打造黄河流域开放出口的前沿地带。

第三，完善相关配套政策，在更高层面统筹推动黄河流域异地城镇化。由于生态、气候等方面的约束，黄河流域部分地区并不适合大规模、就近城镇化，再加上黄河流域农村人口规模基数较大，整体发展水平较低，自身承担城镇化成本的能力有限。因此，推动"异地城镇化"是实现该流域更高质量城镇化的有效路径之一。这就需要在国家层面完善住房、教育、医疗、社保等领域的相关政策，降低人口跨区域流动的成本，尤其是要采取更有效的政策激励发达地区对黄河流域欠发达地区非农就业人口的吸纳。同时，适时调整黄河中下游地区的行政区划，增强中心城市对人口、经济的集聚功能，提高公共服务、基础设施等的规模效应，降低城镇化成本。

（五）把系统治水作为黄河流域生态保护和高质量发展的重中之重

黄河流域的水治理关乎亿万群众的饮水安全，关乎能否实现长久安澜，也关乎能否破解水资源供求矛盾这一流域发展的刚性约束。要通过系统治水，将黄河打造为绿色环保的生态河、长治久安的安澜河、造福人民的幸福河，为实现黄河流域生态保护和高质量发展提供重要支撑。

第一，实施生态廊道建设工程，打造绿色环保的生态河。积极构建跨区域生态保护协作机制，强化污染排放标准协同、水质监测数据共享、监督管理协同，统筹规划黄河流域水沙治理和综合生态修复。统筹实施沿黄区域山水林田湖草一体化生态保护和修复，科学统筹推进流域治理。划定黄河干流、重要支流、重要湖泊水域岸线和生态保护红线，实行最严格的水生态保护和水污染防治制度。实施黄河口生态修复工程，加快入海污染物和无机氮富集治理。

第二，实施流域安全建设工程，打造长治久安的安澜河。"水少沙多"是黄河的重要特征。保障黄河长治久安，要紧紧抓住水沙调节这个"牛鼻子"，提高多沙粗沙区水土保持工程和干流大型防洪减淤水库的调控效率，持续拦减进入黄河下游的粗沙，并尽量排泄细沙。要牢固树立防洪仍然是黄河治理的头等大事这一理念，做好防大水、抗大洪的预案准备，尤其是分析、应对好极端天气的影响。要加强"二级悬河"治理，增强防洪蓄水保障能力，实施河道综合治理提升工程。

第三，实施用水保障建设工程，打造造福人民的幸福河。要坚持"把水资源作为最大刚性约束"，以水计划管理为手段，强化用水管控，坚持"以水定城、以水定地、以水定人、以水定产"，实现区域内黄河水资源的协同调度和高效配置。要完善引、蓄、排、防、供体系，加快实施引黄涵闸改扩建工程，增强引水、蓄水能力。全面推行节水行动，合理控制灌溉规模，因地制宜推广节水灌溉技术，提高灌溉水利用效率。要实施高耗水行业生产工艺节水改造和城镇供水管网改造，建立市场化、阶梯化用水机制，完善横向生态补偿机制和水权交易机制等。

（六）把优化营商环境作为黄河流域生态保护和高质量发展的有效保障

黄河流域生态保护和高质量发展，离不开大量市场主体参与。全面优化营商环境，将吸引流域外广大市场主体进入黄河流域投资兴业，促进流域内企业加快发展，创造大量非农就业机会；将吸引更多高技术企业进入流域，在市场优胜劣汰机制作用下，提高流域内企业整体技术水平，促进产业转型升级；通过与更加严格的环境保护政策结合，将吸引更多资源消耗低、污染排放少的企业和专门从事生态环保产业的企业进入流域，更有效地促进绿色发展。

第一，切实保护好市场主体。要按照权利平等、机会平等、规则平等的原则，为不同类型、规模企业的合法权益提供严格的法律保护。特别是注意不能因政府换届或政府工作人员变化而影响之前的招商引资项目尤其是中小投资项目的合同权益，营造良好的市场环境。

第二，加快推进政务服务改革。要对标国际先进水平，对标国内营商环境优越地区的最佳实践，围绕为企业等市场主体在市场中更好进行生产经营活动的目标，持续深化放管服改革，着力提升政务服务能力和水平。要精简办事手续，压缩办事人员自由裁量权，推广网上办理，提高办理时效和透明度，显著降低制度性交易成本。

第三，加强和完善监管。优化营商环境，并不意味着放松政府有关部门的监管措施。特别是考虑到黄河流域生态保护的严峻形势，对于生态环境方面的监管只能加强不能放松。一定意义上讲，这方面的监管也是资源消耗低、污染排放少的企业赖以生存发展的营商环境。只有严格生态环境这方面监管，黄河流域内专门从事生态环保业务的企业才有积极性和可能性去扩大业务，黄河流域内其他企业才有动力在生产经营活动中降低资源消耗、减少污染排放，真正走绿色发展道路。

执笔人：侯永志　何建武　卓　贤　刘　勇

宣晓伟　刘云中　孙志燕　刘培林

贾　坤　施戌杰　王　詠　杨修娜

专题一

优化黄河流域水资源配置研究

　　黄河自西向东横跨我国9省区，是西北、华北地区最重要的水源。整个流域涉及大约4.2亿人口和上百个地市经济社会发展的用水，但黄河水资源总量仅占全国的2.7%。与长江经济带相比，黄河大约以长江水资源总量的7.6%，支撑着相当于长江经济带70%的人口。① 随着沿黄地区城镇化的加快、经济规模的扩大以及生态环境的变化，对水资源的刚性需求不断增长，导致水资源供需矛盾更加突出，地区之间对水资源的竞争也进一步加剧。如何科学高效地配置整个流域的水资源，对于实现黄河流域生态保护和高质量发展具有至关重要的意义。

　　目前我国黄河流域水资源的分配是以1987年颁布的《黄河可供水量分配方案》为主要依据，该方案分配的基准是以各地区1980年的用水量为基数。1997年之后在此方案基础上根据黄河年度可供水量的变化和南水北调东线、中线的调水进行了动态调整，但基本上属于微调，明显滞后于各地区经济社会发展的阶段性变化，难以适应新时期黄河流域生态保护和高质量发展的战略需求。本文重点从我国未来区域经济发展趋势，以及黄河流域构建高质量空间布局的角度，来探讨黄河水资源配置进一步优化的总体思路与对策建议。

---

　　① 　资料来源：根据《2019年中国水资源公报》和《中国统计年鉴》相关数据计算。

一、近期沿黄地区水资源利用的主要趋势和结构性变化

2019 年，黄河流域沿线 9 省区人口总规模比 2012 年增加 1361 万，城镇人口增加 4649 万；经济总规模（现价 GDP）由 2012 年的 15.6 万亿元增长至 24.7 万亿元；各地区人均 GDP 水平也都显著提高，如山东人均 GDP 已由 2012 年的 5.2 万元增长至 7.1 万元。[①] 由于人口规模、经济规模和发展水平的提高，各地区对水资源的需求规模和结构出现了显著变化。

（一）2012 年之后，沿黄地区工业用水出现结构性下降，生活与生态用水成为拉动黄河流域用水规模增长的主要因素

从用水总规模上看，黄河流域 9 省区在近 10 年期间基本保持稳定，相当于全国用水总量的 20% 左右。山东、河南和内蒙古三地占整个流域用水总量的比重较高，之和超过 50%。伴随着经济增速减缓和结构转型，甘肃、青海和宁夏等地区用水总量相对于 2012 年出现了不同幅度的下降，甘肃的降幅最为显著，约为 11.8%。[②] 如图 1 所示，在农业、工业、生活和生态四大用水领域中，农业仍是黄河流域最主要的用水领域，占沿线各地区用水的比重均超过 50%。因种植结构、农业节水技术等多方面因素，山东、河南作为我国粮食主产区，农业用水总量相比 2012 年下降约 10%。与上一发展阶段相比，整个黄河流域的工业用水总量出现了结构性的下降，2012 ~ 2019 年期间大约减

---

① 根据国家统计局网站相关数据计算。
② 本文的历史比较均以 2012 年数据为基础，一是由于 2012 年我国不同领域用水的统计口径进行了调整；二是 2012 年以后我国经济增速减缓，对水资源需求的影响较显著。

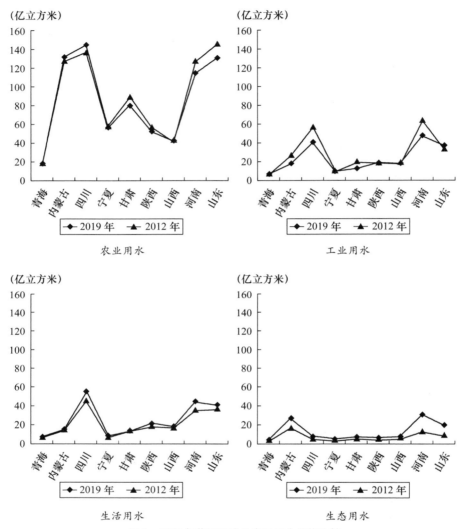

图1 2019 年黄河沿线 9 省区用水结构比较

少 20.6% ，但山东、陕西和青海等地工业用水规模小幅增长。

生态用水规模大幅增长是新时期黄河流域用水最为突出的特征之一。青海是整个流域生态用水增长最快的地区，2019 年的生态用水规模是 2012 年的 6 倍之多，相当于其工业用水规模的一半；宁夏的生态用水已和其生活用水的规模相当；河南、内蒙古和山东等地区的生态用水总量均位列全国前 5 位，三地生态用水之和占全国的比重约为 35.9％。① 同期，生活用水呈现稳中有升的趋势，整个流域中四川、河南增长相对显著，主要与人口规模增大和城镇化水平提高有关。

（二）尽管沿黄地区人均用水量低于全国平均水平，但多数地区水资源开发利用率已超过国际水资源开发的生态警戒线

由于黄河流域的经济发展水平、城镇化率总体低于全国平均水平，人均用水量（用水总量/常住人口）相对较低，但由于黄河沿线主要地区多数都属于干旱或半干旱地区，相对于本地区的水资源储量，开发利用率（用水量与水资源总量之比）普遍偏高（见图 2），2019 年山东、河南两地分别由 2004 年的 61.5％ 和 49.3％ 增长至 115.4％ 和 141.0％；宁夏的水资源开发利用率近期有所下降，但依然高达 554.7％。山西、内蒙古也已超过国际公认的 40％ 的水资源开发生态警戒线。

再从沿黄各地区用水的弹性系数②来看，不仅高于东部发达地区，也要高于中部某些地区，如：河南人口规模在 2012～2019 年的期间增幅约为 2.5％，但生活用水总量的增幅接近 30％，弹性系数高达 12。而同期，广东的人口规模增幅为 8.7％，生活用水总量的增幅约为 8.6％，弹性系数接近于 1。这与沿黄地区的自然环境条件、城镇体系的空间布局、用水效率等都密切相关，意味着人口规模的增长和城镇化率的提高将会给该地区带来更大的水资源压力。

---

①　根据国家统计局网站相关数据计算。
②　指地区生活用水增量与常住人口增量之比，该系数越高表明人口增加对水资源需求的拉动作用越强。

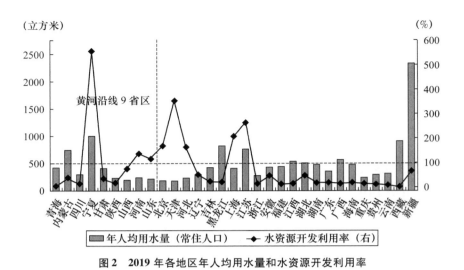

图2 2019 年各地区年人均用水量和水资源开发利用率

二、对沿黄主要地区未来水资源需求趋势的基本判断

一个地区对水资源的需求受到多种因素的影响，如生态环境条件、人口规模、产业结构、区域空间结构、城市密度等。本文重点从我国未来区域经济发展的总体格局以及人口空间分布的主要趋势，来判断黄河流域主要地区未来水资源的需求趋势。

（一）随着经济空间集聚度的提高和结构转型的加快，沿黄地区工业领域用水总量将延续当前稳中有降的趋势

我国工业增加值占 GDP 的比重自 2006 年以来持续下降，2019 年已降至 32%。2012 年之后，工业在空间布局上向长三角、广东等地区集聚的趋势进一步增强，2019 年省级层面工业增加值的集中度（CR5）达到 44.7%。技术密集型行业的空间集中度更高。如计算机、通信和其他电子设备，电气机械和器材等两个行业的集中度（从业人

数规模最大的三个地区所占比重之和）都超过了60%，行业利润的集中度也高于50%。① 相对于全国工业的空间布局而言，黄河流域所占比重自2008年就已开始下降，内蒙古作为黄河流域用水规模较大的地区，在2012~2019年期间工业增加值均为负增长。

从流域内部工业的空间布局来看，山东、河南等黄河下游地区所占比重接近50%，在新一轮产业空间布局调整中将保持增长的趋势。对于中上游地区，由于多是以采矿业、煤（火）电和中低技术制造业为主，随着国家传统能源向新能源的转型、制造业的转型升级以及服务业比重的提高，这些传统高耗水行业的规模将进一步下降。此外，在技术进步的影响下，经济规模扩大对水资源的需求拉动效应也将趋于减弱（见图3）。综合上面三方面的因素可推测，沿黄地区未来工业用水总规模不会出现明显增长。

（二）伴随城镇化进程的阶段性变化，沿黄地区未来生活用水的刚性需求将进入快速增长期

2019年，沿黄9省区的城镇化率在50%~60%之间，黄河流域城镇人口所占比重为56.9%，尚未达到国家平均水平，整体上处在城镇化快速发展的中后期阶段②。如果参照中高收入国家的平均水平（2019年为66.3%）来估算③，整个流域的城镇人口将增加4000万。对照我国2010~2018年城市人口规模与用水量的拟合曲线（见图4），当市辖区人口规模大约超过1000万之后，由于公共服务、生态环境等

---

① 国家统计局《第四次经济普查数据》。
② 《生态优先视角下推动黄河流域高质量城镇化的路径与对策》，《国务院发展研究中心调研报告》2020年第291期。
③ 《中国统计年鉴2020》和世界银行相关数据。

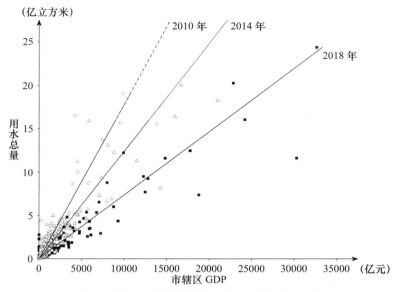

图 3　地级市层面经济总量与用水需求的拟合曲线

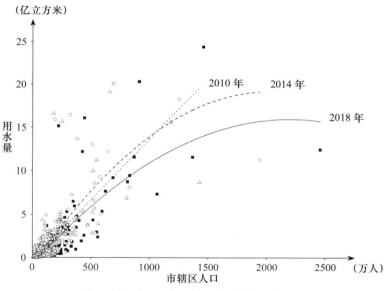

图 4　地级市层面人口与用水需求的拟合曲线

用水领域的规模效应，用水总量的增长逐步趋缓，人口在 1600 万左右时用水量接近于峰值，而市辖区人口在 200 万 ~ 500 万左右时，用水量增长最快，大约每增加 100 万人口，用水规模增加 1 亿立方米（以

2018 年为基准）。随着城镇化水平的提高，黄河沿线地区的城市规模会进一步扩大，将带动用水刚性需求的快速增长。如果按照城镇化率平均每年提高一个百分点估算，整个流域城镇化水平提高到目前的中高收入国家平均水平大约需要 10 年时间，预计到 2030 年左右黄河流域对水资源的刚性需求达到峰值。

三、优化黄河流域水资源配置的总体思路和
相关政策建议

无论是从黄河流域各地区经济发展水平和城镇化阶段来看，还是从流域的生态恢复、流域人口更高品质的生活需求来看，在未来 5 ~ 10 年内沿线地区对水资源的需求都将处在快速增长时期。因此，亟须立足新的发展阶段，建立更有效的水资源配置机制，更好地平衡水资源的供需矛盾，从更深层次、更高水平上统筹实现水资源的"经济功能、社会功能和生态功能"。

第一，按照新时期黄河流域生态保护和高质量发展的战略需求，进一步明确水资源分配的优先性。目前，黄河水资源分配的相关文件中更强调"发挥黄河水资源的综合效益，统筹安排生活、生产、生态与环境用水"[1]，并未明确水资源在跨区域配置过程中的优先性。这在我国工业化、城镇化初期有其合理性，但随着发展阶段的变化，这一分配原则在实践中很难操作，对各地区的水资源需求缺乏明确标准加以平衡，容易造成水资源分配与高质量发展的需求错配，不利于构建高质量发展的国土空间格局。鉴于此，建议以服务黄河流域生态保护

---

① 《水量分配暂行办法》（中华人民共和国水利部令第 32 号）。

和高质量发展的战略需求为核心目标，在黄河水资源分配中明确"生态修复"优先，以实现"公共利益"最大化为基本原则，为真正实现"生态优先"和"以水定城""以水定产"奠定基础。

第二，针对黄河沿线地区高质量发展的转型需求和未来黄河流域可供水资源量的远景预测，调整水资源配置的标准。尽管我国已在黄河流域实施全流域水资源动态分配管理，但总体上仍是基于各地区上一发展阶段的历史用水规模作为分配基准。这种分配方法的弊端随着经济结构的转型日益凸显，既难以维护整个流域水资源分配的公平性，也不利于发挥水资源的约束作用，引导黄河沿线地区生产生活方式的绿色转型。需要把握当前各地区结构转型升级的政策窗口，加快调整水资源分配的方法。综合各地区生态环境条件、人口空间分布和城镇体系演变的总体趋势，进一步明确沿黄主要地区在国家高质量空间布局中的主体功能（如粮食主产区、水源涵养区、水土保持区、城市化承载区等），以实现各地区主体功能对水资源的需求为目标基准，建立更高水平的动态配置机制。

第三，积极探索应用区块链等信息技术，在黄河流域建立全流域一体化水资源配置的动态管理机制。从我国区域经济格局和城镇体系演变的总体趋势来看，黄河流域在未来的城镇化进程中，既会形成一些更大规模的城市，也会出现更多"收缩城市"。伴随着现代交通基础设施网络的完善，超大规模的城市群或者城市绵延带也将形成，由此带来居民生活和公共服务用水的需求在空间上出现重大变化。需要突破传统以行政区为基础的水资源分配方式，加快利用区块链技术建立全流域一体化、智慧化的动态配置机制，更精准地实现水资源配置的空间平衡。此外，大规模城市或城市群虽然有利于提高水资源利用效率，但对于水生态、城市的防洪排涝、水资源安全保障等方面的压力也会加大，可以通过区块链技术对整个流域的用水量、水质、水流量等建立更高效的一体化监测体系，为在极端应急情况下及时调整水资源的分配提供有力支撑。

第四，加强水资源配置政策与规划、财政、土地等政策工具的协调，更好地发挥水资源配置在推动黄河流域生态保护和高质量发展方面的战略引导和约束功能。新时期黄河水资源的配置不仅是要统筹协调不同地区用水的需求，更重要的是推动各地区主体功能的转换，为实现新的增长动能提供保障。加强水资源配置政策与其他政策工具的协调性，对于在更高层面实现水资源配置的战略功能十分关键。重点包括：水资源的配置要与区域（城市）的发展规划相协调，强化水资源对城市规模、产业选择和空间布局的约束性作用，引导人口、经济活动由生态功能区向中心城市集聚，为实现水资源的生态功能拓展空间。对生态修复、基本公共服务、农作物灌溉等具有更高公共利益的用水需求，要加大财政支持力度，为不同类型地区实现主体功能的转换提供政策保障。水资源分配要与水资源的用途管控、土地政策相结合，从源头上控制不合理的用水需求，如在干旱地区违背生态规律，大规模建设单一景观功能或者商业功能的"人工湖""人工湿地"，引发更严重的用水矛盾。借鉴丹麦等国家的经验，加强水资源分配与碳减排目标的融合，在水资源利用和碳减排、生态产品价值之间建立相互关联的一体化核算机制，为促进节水和水资源的循环利用形成更有效的激励机制。

执笔人：孙志燕　施戌杰

专题二

促进黄河流域城市群发展研究

　　黄河流经青海、四川、甘肃、宁夏、内蒙古、山西、陕西、河南、山东9省区，全长5464千米，是连接青藏高原、黄土高原、华北平原的生态廊道，拥有三江源、祁连山等多个国家公园和国家重点生态功能区。2019年，黄河流域省份总人口4.2亿，占全国总人口的30.3%；地区生产总值24.7万亿元，占全国的26.5%。[①] 黄河流域覆盖兰西城市群、呼包鄂榆城市群、中原城市群、关中平原城市群等国家级城市群，在我国生态安全、经济社会发展和国土空间开发上具有重要的战略地位。黄河流域与密西西比河、莱茵河、长江经济带相比，航运能力不足，经济发展水平有待进一步提升，上中下游地区城市发展水平空间不均衡性更加突出，使得实现流域城市一体化发展尤为重要。推动黄河流域区域一体化发展要求构建以中心城市—节点城市—边缘城市三级城市社会经济联系网络，促进上中下游城市群之间互动、一体化发展。

　　黄河流域是我国重要的生态保护屏障和经济地带，近年来颇受学界关注，主要研究包括：生态保护、资源管理、流域城市发展差异、

---

　　① 《2020年中国统计年鉴》。

流域协调发展战略等几个方面，并形成了一系列丰硕成果。但研究的不足之处在于在空间上未能覆盖到黄河流域全域。因此，本文以黄河流域地级市为研究单元，考虑到黄河仅流经四川省一小部分区域，故未将四川省纳入研究范畴，选取了黄河流域 8 省区 55 个地级城市为研究对象，构建黄河流域城市综合能级评价指标体系，科学评价并进行能级划分。在此基础上运用社会网络分析方法，讨论黄河流域城市间经济联系强度，并进行网络可视化表达，探寻上中下游地区网络空间结构及合作路径，为实现黄河流域区域协调和一体化发展提供参考。

一、黄河流域城市综合能级评价

（一）评价指标体系构建

城市综合能级反映了一个城市的现代化程度和对周边地域的影响力。如何评价城市的综合能级有不同的指标，本文选取 GDP 总量、人均 GDP、人均消费品零售额等 11 项指标建立黄河流域城市综合能级评价指标体系（见表 1）。

表 1　　　　　　黄河流域城市综合能级评价指标体系

指标项	指标单位	指标性质
GDP 总量	亿元	正向
人均 GDP	万元/人	正向
人均消费品零售额	元/人	正向
GDP 增长率	%	正向
公共财政预算收入占 GDP 比重	%	正向
货物周转量	亿吨千米	正向
旅客周转量	亿人千米	正向
等级公路总里程	万千米	正向

指标项	指标单位	指标性质
年邮电业务总量	亿元	正向
实际利用外资总额	万美元	正向
进出口总额	万美元	正向

此外，本文采用投影寻踪评价模型（PPM）对指标体系进行数理统计分析评价，解决传统权重赋值的主观性问题，进一步提高评价结果的科学性。

（二）黄河流域城市综合能级类型划分

以黄河流域城市综合能级投影值得分为依据，采用自然断裂点法将研究区域的 55 个城市划分为 3 个层级（见表 2）。按城市综合能级可将黄河流域城市划分为中心城市、节点城市、边缘城市 3 类。

（1）3 类城市在数量上呈金字塔结构式分布，中心城市包括西安市、郑州市、济南市 3 个；节点城市包括洛阳市、淄博市、太原市、呼和浩特市、兰州市、西宁市等 22 个；边缘城市包括安阳市、长治市、运城市、吕梁市等 30 个。

（2）在空间上，黄河流域下游城市综合能级明显强于中游与上游城市，具体表现为兰州市、银川市、西宁市、呼和浩特市等省会城市为仅作为黄河中上游地区的节点城市而非中心城市，且黄河中上游地区边缘城市居多。

（3）三大中心城市中，西安市的城市综合能级投影值最高（2.7316），是黄河流域的"龙头"城市，郑州市（2.2273）和济南市（1.8049）是黄河下游的引领城市，但其综合能级优势均不如西安市突出。

综上所述，黄河流域城市综合能级在空间上呈现以西安市、郑州市、济南市三大省会城市为核心，上中下游阶梯式增强的格局。

表 2　　　　　　　　　黄河流域城市综合能级投影值与分类

类型	城市	能级投影值	类型	城市	能级投影值	类型	城市	能级投影值
中心城市	西安市	2.7316	节点城市	榆林市	0.6080	边缘城市	铜川市	0.3786
	郑州市	2.2273		菏泽市	0.5880		朔州市	0.3649
	济南市	1.8049		西宁市	0.5618		巴彦淖尔市	0.3545
节点城市	洛阳市	1.0740		焦作市	0.5435		忻州市	0.3370
	鄂尔多斯市	1.0369		开封市	0.5327		石嘴山市	0.2913
	淄博市	1.0323		三门峡市	0.5325		乌兰察布市	0.2848
	太原市	0.9593	边缘城市	安阳市	0.5025		天水市	0.2693
	呼和浩特市	0.8786		长治市	0.5012		平凉市	0.2686
	济宁市	0.8550		延安市	0.4347		吴忠市	0.2532
	兰州市	0.7542		运城市	0.4306		武威市	0.253
	包头市	0.7463		晋中市	0.4302		商洛市	0.2512
	泰安市	0.6881		咸阳市	0.4297		白银市	0.2463
	银川市	0.6379		吕梁市	0.4258		庆阳市	0.2324
	东营市	0.6282		乌海市	0.4240		中卫市	0.2231
	滨州市	0.6264		濮阳市	0.4240		固原市	0.2094
	德州市	0.6227		渭南市	0.4223		定西市	0.1812
	宝鸡市	0.6184		鹤壁市	0.4123		海东市	0.1533
	聊城市	0.6178		晋城市	0.4115			
	新乡市	0.6119		临汾市	0.3882			

二、黄河流域城市经济联系网络结构与子群体分析

（一）城市中心性分析

从外向中心度来看，前 3 位城市分别为西安市（49.000）、郑州市（43.000）、洛阳市（39.000），表明与其产生经济联系的城市最多，经济的对外辐射范围最广，在中下游起着核心的辐射带动作用。

在外向中心度前20名的城市中，下游城市占据11个，中游城市占据9个，表明中下游城市之间的城市联系较为紧密。值得注意的是，由于黄河上游处于西部内陆，经济发展的区位条件优势不足，兰州市、银川市、西宁市3个上游省会城市的外向中心度较低，对外经济辐射能力较弱，导致上游城市间经济联系不强。整体来看，黄河流域城市的群体外向度为59.225%，表明其对外辐射带动的整体能力较强（见表3）。

表3　　　　　　　　　　　　　黄河流域城市中心性测度

程度中心度				中介中心度		接近中心度	
位序/城市	外向度	位序/城市	内向度	位序/城市	中介度	位序/城市	接近度
1/西安市	49.000	1/太原市	32.000	1/西安市	530.864	1/西安市	91.525
2/郑州市	43.000	2/晋中市	31.000	2/兰州市	314.146	2/郑州市	83.077
3/洛阳市	39.000	3/吕梁市	31.000	3/银川市	293.540	3/洛阳市	77.143
4/济南市	38.000	4/长治市	30.000	4/榆林市	243.500	4/济南市	76.056
5/太原市	37.000	5/临汾市	30.000	5/太原市	161.996	5/太原市	75.000
6/榆林市	35.000	6/洛阳市	29.000	6/咸阳市	134.151	6/榆林市	73.973
7/济宁市	34.000	7/新乡市	29.000	7/郑州市	122.601	7/济宁市	70.130
8/新乡市	31.000	8/西安市	28.000	8/庆阳市	104.871	8/德州市	67.500
9/德州市	31.000	9/郑州市	28.000	9/宝鸡市	85.252	9/咸阳市	66.667
10/焦作市	30.000	10/焦作市	28.000	10/洛阳市	81.211	10/新乡市	66.667
11/安阳市	30.000	11/安阳市	28.000	11/渭南市	70.459	11/安阳市	66.667
12/菏泽市	30.000	12/运城市	28.000	12/鄂尔多斯市	66.255	12/焦作市	65.854
13/聊城市	29.000	13/渭南市	28.000	13/吴忠市	62.308	13/菏泽市	65.854
14/咸阳市	29.000	14/菏泽市	27.000	14/包头市	55.905	14/聊城市	65.854
15/泰安市	29.000	15/开封市	27.000	15/石嘴山市	55.174	15/泰安市	65.854
16/淄博市	29.000	16/忻州市	27.000	16/平凉市	54.963	16/淄博市	65.854
17/开封市	27.000	17/三门峡市	26.000	17/呼和浩特市	49.659	17/开封市	63.529
18/长治市	26.000	18/晋城市	26.000	18/长治市	36.392	18/长治市	62.791
19/运城市	25.000	19/濮阳市	25.000	19/延安市	34.463	19/渭南市	62.069
20/渭南市	25.000	20/咸阳市	24.000	20/济南市	31.242	20/运城市	62.069
29/兰州市	16.000	27/济南市	19.000	28/西宁市	1.000	24/兰州市	58.065

续表

程度中心度					中介中心度		接近中心度	
位序/城市	外向度	位序/城市	内向度		位序/城市	中介度	位序/城市	接近度
31/呼和浩特市	11.000	35/呼和浩特市	13.000				33/银川市	51.429
33/银川市	10.000	36/兰州市	11.000				37/呼和浩特市	50.000
46/西宁市	4.000	38/银川市	10.000				43/西宁市	37.762
		52/西宁市	3.000					
群体外向度=59.225%		群体内向度=27.160%		群体中介中心度=17%				

从内向中心度来看，太原市（32.000）、晋中市（31.000）、吕梁市（31.000）位列前三，表明其具有较强的凝聚力和吸引力。需要指出的是，除太原市外，其他外向中心度较高的城市如西安市、郑州市、济南市，内向中心度相对较低，其对外辐射能力远高于凝聚力和吸引力。在内向中心度前 20 名的城市中，中游城市占据 14 个，下游城市占据 6 个，表明受中游中间区位影响，中游城市的凝聚力和吸引力较强。济南市内向中心度较低（19.000），主要是因为郑州市经济辐射范围更广，又受中原城市群影响，导致下游地区与郑州市的经济合作意愿增强。上游地区省会城市的内向中心度与外向中心度均处于较低水平，表明其经济的辐射能力和凝聚能力处于对等均衡状态。整体来看，黄河流域城市的群体内向度为 27.160%，表明黄河流域的内向凝聚吸引力较弱。

从中介中心度来看，前 3 位城市分别为西安市（530.864）、兰州市（314.146）、银川市（293.540）。表明西安市作为连通黄河中游与下游的重要中心城市，发挥着连接以西安市为核心与以郑州市和济南市为核心的中、下游地区两大城市群体的关键作用。兰州市和银川市的中介中心度较之程度中心度有大幅提升，说明尽管兰州市和银川市辐射力和凝聚力不突出，但在黄河上游城市网络中发挥着重要的联系中介作用。黄河中游与下游地区城市的中介中心度普遍较低，这是由于其外向中心度与内向中心度较高，加之交通区位优势，城市间的经济联系较为便捷紧密，对中介城市的依赖偏弱。黄河流域城市的群体中介度（17%）相较外向中心度与内向中心度偏低，表明黄河流域城市之间经济联系较为紧密，缺少依赖中介城市。

从接近中心度来看，西安市（91.525）、郑州市（83.077）、洛阳市（77.143）位列前三。通过对比（见表3）外向中心度与接近中心度，可以发现：外向中心度与接近中心度的城市排序具有相当的一致性，排名前20位的接近中心度城市在空间上都处于西安市、郑州市、洛阳市、济南市的外围圈层，表明黄河流域中心城市的经济辐射强度与辐射范围呈正相关关系，从而建立起紧密的经济联系。

（二）网络空间结构分析

如图3所示，黄河流域城市间经济联系在空间上呈现出"南强北弱、东密西疏"的布局特征。已经形成以西安市、郑州市、洛阳市、济南市、淄博市、太原市等城市为中心的黄河中下游城市经济联系网络密集区域，处于经济联系最外围的则是黄河上游的青海、甘肃、宁夏、内蒙古等省区综合能级较低的边缘城市。从城市群角度进一步分析，以西安市为中心的关中平原城市群，以郑州市、洛阳市为中心的中原城市群，以济南市、淄博市为中心的山东半岛城市群之间在经济联系方面已经实现深度融合。不可否认的是，兰州市、银川市、呼和浩特市、榆林市虽然在黄河上游城市经济联系的网络中发挥着重要的中介作用，但以其为中心的兰西城市群与呼包鄂榆城市群内部与外部之间的经济联系还可以得到进一步的优化与增强。

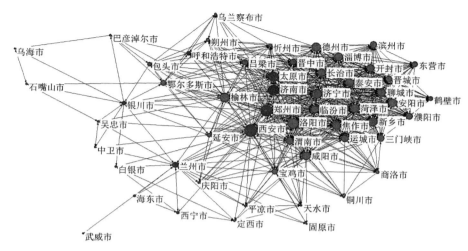

图 3　黄河流域城市经济联系网络空间结构

（三）城市子群体空间格局分析

在城市网络空间分析的基础上，运用 Ucinet 6.0 网络分析软件中的"结构 – CONCOR"凝聚子群分析功能，借助 Netdraw 工具对黄河流域具有紧密经济联系的群体进行可视化表达，进一步分析黄河流域城市群体网络群体空间结构和区域差异（见图 4）。结果表明：黄河流域已形成四大城市集群及经济联系网络，即以兰州市、银川市为双中心和以西宁市为单中心的黄河上游两大城市集群，以呼和浩特市为单中心的黄河上中游城市集群，西安市、郑州市、济南市、太原市多中心引领的黄河中下游城市集群。

黄河上游城市小群体的空间结构较为疏松和分散，形成"兰州市—银川市—鄂尔多斯市—包头市""西宁市—定西市—白银市"等联系轴带。黄河中上游城市小群体的空间结构较为紧密，形成"宝鸡市—咸阳市—渭南市—商洛市""呼和浩特市—榆林市"两条紧密联系轴带。黄河中下游城市小群体的空间网络结构十分紧密，已经形成"郑州市—菏泽市—安阳市—焦作市""济南市—淄博市—泰安市—聊

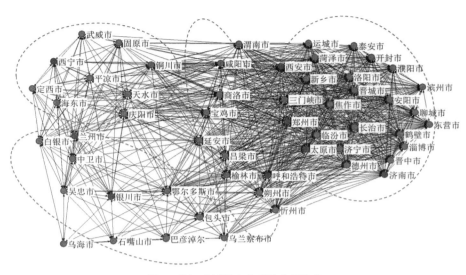

图 4 黄河流域城市小群体空间结构

城市""太原市—郑州市—新乡市—濮阳市""西安市—洛阳市—济南市"等多条联系轴带,可以看出黄河中下游地区所涉及的中原城市群、山东半岛城市群在经济联系上已经形成了深度融合的格局。值得注意的是,按照城市群合作的路径分析,黄河上游的兰西城市群两大中心城市未能进行深度融合发展;相反,西宁市则借助兰州市强大的中介作用与关中平原城市群的部分城市(天水市、庆阳市、平凉市、铜川市)发生经济联系,形成紧密的经济联系网络。呼包鄂榆城市群分割成鄂包、呼榆两个城市网络发展群体,未能发挥连通黄河上游与中游"金三角"的作用。

三、黄河流域城市集群空间合作路径分析

探索黄河流域城市集群空间合作路径,实现黄河流域生态保护与高质量发展、区域一体化发展,应构建"三区四群"的国土空间保护与城市发展格局。"三区"指上游生态保护与限制开发区、中游生态

保护开发与经济发展协调发展区、下游入海高质量发展与开放区。"四群"指构建以省会城市为核心、以城市群为主体形态、"人口—产业—城镇"重点集聚的黄河流域城市发展集群，具体如下。

（1）黄河上游"兰西银"城市发展集群。以兰州市为黄河上游的中心城市，以西宁市、银川市为副中心，发挥兰州市的强大中介作用，深度融合兰西城市群和宁夏沿黄城市群，以生态保护为重点，形成辐射带动黄河上游沿岸和我国西北地区城市的紧密联系区域。

（2）黄河上中游"呼包鄂榆"城市发展集群。突出呼和浩特市区域中心城市作用，继续强化包头市、鄂尔多斯市、榆林市区域重要节点城市地位，加强城市间的多向联系，进一步完善黄河流域沿边开发开放格局，打造黄河上游与中游分界处最具活力的城市群体。

（3）黄河中游"西太洛"城市发展集群。以西安市和太原市分别作为黄河中游南北两端的中心城市，以洛阳市作为副中心，发挥重要的经济辐射能力。重点融合关中平原城市群和太原城市群两大城市群，打造黄河流域高质量发展的重要增长极。

（4）黄河下游"济郑"城市发展集群。以济南市和郑州市作为黄河下游的两个中心城市，以济郑综合运输通道为发展轴线，突出菏泽市和新乡市的节点作用，加强中原城市群与山东半岛城市群的合作与交流，打造黄河流域开放出口的前沿地带。

四、主要结论

基于实证分析结果，得出如下结论。

（1）黄河流域城市按综合能级可分为中心城市、节点城市和边缘城市3类。西安市、郑州市、济南市、洛阳市是黄河流域城市综合能级和经济辐射能力最强的 4 个城市，是黄河中下游地区城市集群网络中的重要区域节点。黄河流域城市综合能级在数量上呈现金字塔式结构，在空间上呈现下游强于中游和上游的格局。

（2）对黄河流域城市的中心性进行分析，可以发现黄河中下游地区的西安市、郑州市、济南市对外辐射能力较强，但在群体内凝聚力和吸引力较弱。上游地区的兰州市、银川市、西宁市的对外辐射能力和对内凝聚力均不强。从中介中心度来看，兰州市、银川市、太原市、西安市在黄河流域的上中下游互动联系中起着至关重要的桥梁媒介作用。

（3）黄河流域城市间经济联系在空间上呈现出"南强北弱、东密西疏"的布局特征。形成四大城市群体：以兰州市、银川市为双中心和以西宁市为单中心的两大黄河上游城市集群，以呼和浩特市为单中心的黄河上中游城市集群，西安市、郑州市、济南市、太原市多中心引领的黄河中下游城市集群。在城市集群空间合作路径中，认为需要构建黄河上游"兰西银"城市发展集群、黄河上中游"呼包鄂榆"城市发展集群、黄河中游"西太洛"城市发展集群、黄河下游"济郑"城市发展集群四大城市发展集群，进一步推动黄河流域城市高质量一体化发展。

另外，黄河流域节点城市和边缘城市众多，有些边缘城市在区域联系网络中担负重要的作用，但因能级强度不够，未能产生强大的辐射能量，应进一步加强淄博市、榆林市、新乡市、洛阳市等节点和边缘城市的支持力度，接受中心城市的辐射，扩大再传递辐射规模。受自然条件制约，黄河航运能力不足，加快黄河流域城市区域化、一体化发展，应该以综合交通通道为支撑，加快推进高速铁路、高速公路建设，优化航空交通网络，支持西安市、郑州市、济南市中心城市的建设，引领黄河中下游地区实现高质量发展。黄河上中游地区以生态保护为抓手、水资源保护开发为重点，探索具有地域特色的人地协调发展新路径。

附　录

（一）网络分析方法

1. 经济联系模型

采用万有引力模型对黄河流域城市间的经济联系强度进行测算，计算公式为：

$$R_{ij} = k_{ij} \frac{\sqrt{P_i G_i} \sqrt{P_j G_j}}{D_{ij}^2}, \left(K_{ij} = \frac{G_i}{G_i + G_j}\right)$$

式中：R_{ij} 为城市 i 与城市 j 的经济联系强度；k_{ij} 为城市 i 对 Rij 的贡献率；P_i 为城市 i 的非农业人口数；G_i 为城市 i 的 GDP；D_{ij} 为城市 i 与城市 j 之间的最短公路里程。

2. 经济联系网络分析

（1）中心性分析。

中心性用来表示经济联系网络中的城市在整个网络中所在中心的程度。选取程度中心度、中介中心度、接近中心度分别进行衡量。

程度中心度公式为：

$$C_{DO}(n_i) = d_o(n_i) = \sum_{j=1} X_{ij}$$

$$C_{DI}(n_i) = d_I(n_i) = \sum_{i=1} X_{ij}$$

标准化公式为：

$$C'_{DO} = \frac{d_o(n_i)}{g^{-1}}$$

$$C'_{DI} = \frac{d_I(n_j)}{g^{-1}}$$

式中：$C_{DO}(n_i)$ 为外向中心度，通过测度与该城市发生经济联系的城市数量，表示一个城市的经济辐射范围；$C_{DI}(n_i)$ 为内向中心度，表示城市在经济联系网络中的内向凝聚力和吸引力；X_{ij} 为 0 或 1 表示城市 i 与 j 是否有联系；X_{ji} 也为 0 或 1，表示城市 j 与城市 i 是否有联系，有联系为 1，无联系为 0；g 是城市数。

中介中心度表示两个城市通过城市 i 发生经济联系，测度一个城市在经济联系网络中的中介作用程度。其公式为：

$$C_n(n_i) = \frac{\sum_{j<k} g_{ik}(n_i)}{g_{ik}}$$

式中：$C_n(n_i)$ 为中介中心度；g_{jk} 是城市 j 到达城市 k 的捷径数；$g_{ij}(n_i)$ 是城市 j 到达城市 k 的快捷方式上有城市 i 的快捷方式数。

接近中心度表示一个城市到达另外一个城市的难易程度，接近中心度越大，表示这个城市到达其他城市越容易，侧面表示一个城市的经济辐射强度。其公式为：

$$C_c(n_i) = \left[\sum_{j=1}^{g} d(n_i, n_j) \right]^{-1}$$

式中：$C_c(n_i)$ 为接近中心度；$d(n_i, n_j)$ 表示 n_i 与 n_j 之间的距离；$C_c(n_j)$ 为城市 n_i 到其他城市距离和的倒数，该值越小表示城市 n_i 与其他城市之间的距离越大，即城市处于网络边缘。

（2）凝聚子群分析。

凝聚子群分析即小群体分析，旨在反映在经济联系网络中由于经济联系紧密形成的城市联系网络小群体。凝聚子群分析可以在中心性分析的基础上，对城市经济联系网络进行客观和深入研究，进一步分析黄河流域城市空间网络结构特征，为优化城市集群网络结构提供重要依据。本文应用 Ucinet 6.0 软件中的凝聚子群分析功能绘制黄河流域城市小群体空间结构图。

（二）指标权重确定方法：投影寻踪评价模型

采用投影寻踪评价模型（PPM）对指标体系进行数理统计分析评价，解决传统权重赋值的主观性问题，进一步提高评价结果的科学性。模型建模步骤如下。

1. 原始指标数据的标准化处理

设各指标样本集为 $\{x^*(i,j) \mid i = 1,2,\cdots,n ; j = 1,2,\cdots,p\}$，其中 $x^*(i,j)$ 为第 i 个样本的第 j 项指标个数，n、p 分别为评价指标个数。进一步采用极差标准化对原始数据样本集进行归一化无量纲处理：

对于正向指标：$x(i,j) = \dfrac{x^*(i,j) - x\min(j)}{x\max(j) - x\min(j)}$

对于负向指标：$x(i,j) = \dfrac{x\max(j) - x^*(i,j)}{x\max(j) - x\min(j)}$

式中，$x\max(j)$、$x\min(j)$ 分别为第 j 项指标的最大值与最小值，$x(i,j)$ 为指标特征值归一化的序列。

2. 投影目标函数构造

设 $a = \{a(1),a(2),\cdots,a(p)\}$ 为投影方向向量，样本 i 在该方向的一维投影值为：

$$Z(i) = \sum_{j=1}^{p} a(j)x(i,j)\,(i = 1,2,\cdots,n)$$

投影指标函数表达如下：

$$Q(a) = S_z \cdot D_z$$

式中，S_z、D_z 分别为投影值 $Z(i)$ 的标准差与局部密度，即：

$$S_z = \sqrt{\frac{\sum_{i=1}^{n}(Z(i) - E(z))^2}{(n - 1)}}$$

$$D_z = \sum_{i=1}^{n} \sum_{j=1}^{n} (R - r(i,j)) \cdot (R - r(i,j))$$

式中，$E(z)$ 为序列 $\{z(i) \mid i = 1,2,\cdots,n\}$ 的平均值；R 为局部密度的窗口半径；$r(i,j)$ 表示样本之间的距离，$r(i,j) = \mid z(i) - z(j) \mid$；$u(R - r(i,j))$ 为单位阶跃函数，当 $R \geqslant r(i,j)$ 时，函数值为 1；$R < r(i,j)$ 时，函数值为 0。

3. 投影目标函数优化

通过计算最大化投影目标函数，求解最佳投影方向。

目标函数最大化：$\max Q(a) = S_z D_z$。约束条件：$\sum_{j=1}^{p} a^2(j) = 1$。这是一个以 $\{a(j) \mid j = 1,2,\cdots,p\}$ 为优化变量的复杂非线性优化问题，本文通过加速遗传算法进行优化求解。

4. 确定投影值（评价值）

将上述步骤求得的最佳投影方向，与相应指标标准化值相乘累加求和，即求得各样本投影值 Z_i（评价值）。相关参数参考付强（2003）相关研究，参数设置如下：初始种群规模为 N = 400，交叉概率 pc 为 0.8，加速次数为 20。

执笔人：刘云中　谷缙

专题三

生态优先视角下推动黄河流域
高质量城镇化的路径与对策

　　从黄河流域流经的 9 个省区的城镇化水平来看，总体上低于全国平均水平。2019 年，黄河流域的乡村人口总规模约为 1.8 亿，占全国乡村人口的比重近 1/3。[①] 随着地区经济发展水平进一步提高，以及农业生产率的改进，预计在未来 5～10 年期间，该流域人口向城镇集聚的趋势仍将保持，城镇化也将处在加速发展的阶段。但黄河流域的生态环境条件与其他地区相比不仅没有明显优势，还面临着更加严重的水资源短缺、荒漠化、水土流失、地质坍塌、农业面源污染等一些特殊的区域性生态环境问题。在此背景下，如何创新流域城镇化的路径与模式，构建更加绿色的城镇空间体系，是推动黄河流域生态保护和高质量发展亟须解决的重要问题。

一、黄河流域城镇化水平与发展阶段的总体判断

　　自 2005 年以来，黄河流域的 9 个省区中，内蒙古和山东城镇化率（城镇人口所占比重）一直高于全国平均水平；甘肃城镇化率最低，

---

　　① 根据《中国统计年鉴 2020》计算。

为48.5%（2019年），略低于中低收入国家的平均水平（50.8%）；河南和四川分别为53.2%和53.8%，与中等收入国家水平相当（52.8%）；位于黄河中游的宁夏、陕西、山西城镇化率约为60%，与全国平均水平的差距已明显缩小，但尚未达到中高等收入国家的水平（66.3%）（见图1）。①

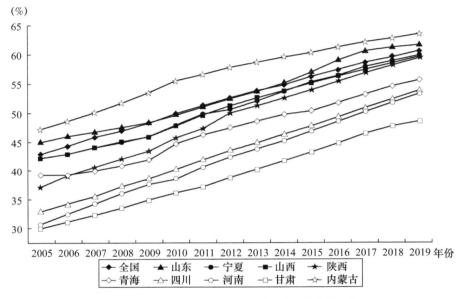

图1 2005～2019年黄河流域城镇化水平的变化趋势

资料来源：国家统计局。

对全球不同国家的人均 GDP 和城镇人口的比重进行非线性拟合，如图2所示，在发展水平达到人均 GDP 大约1万美元、城镇化率大约70%之前，多数国家的城镇化都处在快速增长的阶段。目前，我国城镇化率刚超过60%，黄河流域9省区的城镇化率基本处在50%～60%之间。从国际经验可以初步判断，黄河流域的城镇化整体上处在快速发展的中后期阶段，还有较大的发展空间。

---

① 国家统计局和世界银行。

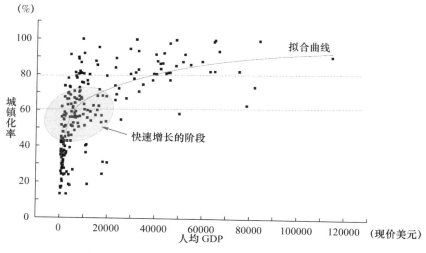

图 2　不同发展水平国家/地区城镇化水平的比较

资料来源：世界银行数据库。

二、黄河流域城镇化的主要特征与突出问题

本文以黄河流域 8 省区（不包括四川省）60 个主要城市为重点，从人口分布、城市规模、土地利用等方面对整个黄河流域城镇化的主要特征、区域性的突出问题进行了分析。具体如下。

（一）黄河流域"异地城镇化"的特征显著，中游地区集中出现了人口与就业"双收缩"的城市

如图 3 所示，在所比较的黄河流域沿线 60 个城市中，35 个地市常住人口的规模低于户籍人口规模，过半数属于人口净流出地区。甘肃、陕西、河南等省份人口流出的规模和范围更大，除了兰州、西安、郑州等省会城市之外，省内其他沿线城市均为人口净流出地区。2018年，黄河沿线地市层面人口净流出的总规模比 2010 年增加了大约

22.2%。由此可见，这些地区的城镇化在某种意义上属于"异地城镇化"，这也是河南、甘肃、四川等黄河流域沿线地区城镇化率相对较低的原因之一。

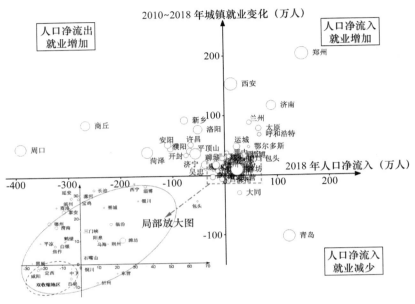

图3　黄河沿线主要城市人口和就业的变化趋势

资料来源：根据2011年和2019年《中国城市建设统计年鉴》计算。

伴随着人口流动和产业结构的深度调整，"收缩城市"的现象在黄河流域愈加显著。2018年，上述60个沿线主要城市中，有7个地市（如吴忠、铜川、开封、济宁等）的常住人口规模与2010年相比出现了绝对量的下降，即人口"收缩"。更加需要重视的是，部分地区由于结构调整和发展水平的制约，在人口净流出的情况下还同时出现了城镇就业规模的下降，即"双收缩"的现象，集中分布在黄河中游地区的一些传统资源型城市，如山西的吕梁、甘肃的定西、宁夏的中卫等。一些中小城市，如宁夏的固原，陕西的铜川，甘肃的白银、平凉等地市就业增长幅度也非常小，临近于"双收缩"（见图3中的局部放大图所示）。对于这些城市，人均GDP水平在短期内可能并未出现下降，甚至还可能因人口的减少而出现"增长"，但这只是统计意义上的，并非真正意义上的"增长"。从发达国家的一些收缩城市来看（最典型的是底特律），人口和就业规模同时"收缩"的城市相对于仅是人口规模减少的城市而言，人口结构和地方财政状况恶化的趋势会更加严重，极有可能在区域上形成一种新型的"萧条"地区。

（二）黄河流域已初步形成多中心、多层级的城市空间格局，但城镇化对人口的空间集聚效应还需增强

从整个黄河流域的城镇空间布局来看，已初步形成以Ⅱ型大城市（市区常住人口在 100 万～300 万之间）为主体的规模体系。如图 4 所示，2018 年，该类城市数量为 28 个，其中市区常住人口为 100 万～200 万的城市为 23 个。整个流域中小城市的数量有所减少，同期由 2010 年的 34 个降至 28 个；3 个市区人口超过 500 万的特大城市，分别为西安、郑州和青岛，在黄河中游和下游地区形成了具有较高首位度的区域性中心。[①] 由于地理条件和生态环境的不同，黄河上中下游的城市空间格局存在显著差异。上中游地区城市的首位度相对较高，总体呈现为单中心的空间结构。如：西安常住人口占陕西的比重超过 1/5，是陕西第二大城市咸阳常住人口的 1.7 倍。中下游地区城市规模体系相对均衡，但城市规模整体偏小，属于低水平的分散性均衡，流域内具有较强辐射影响力的中心城市数量还比较少。从长期来看，这种空间结构并不利于缓解黄河流域生态环境与经济发展之间的矛盾，是黄河流域生态环境治理和高质量发展所面临的结构性约束之一。

随着经济发展水平的提高，黄河流域的人口向大城市集聚的趋势

---

① 根据 2011 年和 2019 年《中国城市建设统计年鉴》计算。本报告中的市区人口未包括市区暂住人口。

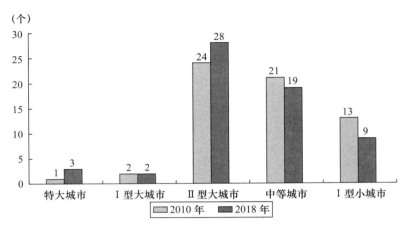

图4 2010 年和 2018 年黄河流域沿线不同规模城市的数量
资料来源：根据 2011 年和 2019 年《中国城市建设统计年鉴》计算。

有所加强，但人口密度并未同步提高。2018 年，在黄河流域沿线 33
个市区常住人口超过 100 万的大城市中，近半数城市的人口密度（单
位市区面积集聚的常住人口）降低。西宁、西安、兰州、济南等省会
城市在人口规模扩大的同时，市区人口密度也都出现了不同程度的下
降。该变化表明这些地区城镇化率的提高更大程度上是来自居民户籍
身份的就地变更，并没有通过"城镇化"形成更高效率的人口和经济
的空间集聚。这种"城镇化"对改进居民福利、释放经济增长潜能的
作用非常有限。

（三）黄河流域土地城镇化与人口城镇化的进程不够协调，"小城区、大城市"的分散化特征突出

　　黄河流域沿线主要城市存在一个普遍特征，就是多数地市的城区
规模较小，在城镇化水平快速提高的过程中也未显著扩大，即所谓的
"小城区、大城市"。2018 年，黄河流域 60 个主要城市的城镇化率平
均水平为 58%，但城区人口所占比重的平均水平仅为 25.1%，与 2010

年相比只提高了 2.3 个百分点，如果扣除人口自然增长的因素，城区人口规模在城镇化进程中基本没有变化。山东、河南等黄河下游地区的城市这一特征就更加突出，其平均水平相对更低，约为 21.5%。即使对于城镇化率较高的省会城市，如 2018 年兰州城镇化率为 81%，城区人口比重仅为 51.4%，郑州城镇化率为 73.4%，城区人口比重仅为 36.8%，均存在显著差距。这主要与我国地市的行政区划有关，即地市一般会下辖多个县或县级市（例如河南周口市下辖 7 个县，1 个县级市），在体制上推动形成了以县乡镇为主体的分散化的城镇化模式。

从黄河流域主要城市的建成区来看，多数地区建成区扩张的速度要高于市区人口增长的速度。本文所比较的黄河流域沿线城市，建成区面积在 2010 ~ 2018 年期间平均扩大了 52.1%，同期市区人口规模平均增长 29.8%。人口的城镇化与土地的城镇化在空间上存在显著偏离，形成了以土地驱动的蔓延式城镇化。短期内虽然可以拉动经济增长，但由于并未形成要素的规模集聚，公共服务、基础设施等供给成本也因集聚规模效应不足而提高，城市整体功能难以改进。建设用地的过度扩张对流域的生态环境也形成了更大压力。此外，黄河流域沿线地区多是经济欠发达地区，土地驱动的城镇化会导致其财政过度依赖"土地"，可持续性降低。

三、推动黄河流域高质量城镇化的对策建议

黄河流域是涵盖森林、荒漠、草地、湿地等多种形式的综合性生态系统，承担着国家生态安全屏障的战略功能，同时又是我国能源和粮食生产的核心区，对于维护国家的能源安全和粮食安全具有同样的

战略地位。因此，该流域的城镇化需要以生态、能源、粮食安全为底线，以全流域"大协同"来推动城镇空间体系的优化，切实转向以"人"为中心的绿色城镇化。具体建议如下。

第一，遵循人口流动和区域经济发展的基本规律，理性认识城镇化过程中"城市收缩"的现象。在新一代产业变革和现代基础设施的推动下，人口向大城市或城市群集聚的趋势将在相当长时期内保持，经济活动在空间上也将出现更大规模的网络集聚。因此，在城镇化过程中，部分区域出现城市"收缩"的现象有其客观必然性，政策层面也很难完全避免。重要的是减少因城市"收缩"而产生的负面影响。要在科学评估的基础上，采取更加差异化的城市规划政策，不能所有类型城市均以"人口增长"为基准。对于生态脆弱地区或者资源枯竭、生态环境恶化相对严重的城市应更加主动地"收缩"，降低人口规模，为生态恢复性治理创造更大的空间。对"收缩城市"，尤其是"双收缩"的城市，不能简单地进行规模干预，要将政策重心置于此类地区居民的社会保障、生态环境的治理上，提升其产业转型的能力。

第二，加强黄河全流域城镇化的"大协同"，"宜大则大、宜小则小"，建立与生态环境相适宜的城镇空间体系。黄河流域的生态环境条件非常复杂，不同流域面临的生态问题也不完全相同，如上游流经西北黄土高原，是我国水土流失最严重的区域之一。2019 年，内蒙古水土流失面积达 58.4 万平方千米，占其土地面积的比重为 48.8%，大约 1/4 属于强烈及以上的流失程度。甘肃风力侵蚀的土地面积占其总面积的比重超过 1/4，45.8% 属于强烈及以上的侵蚀程度。[①] 黄河下游是存在重大安全隐患的地上"悬河"区域，同时又是重金属、有机

---

① 《中国水土保持公报 2019》（中华人民共和国水利部）。

污染物沉积的集中区，农业面源污染的环境问题也非常突出。至今，黄河全流域还有约137.7万因旱饮水困难的农村人口，占全国的比重约为45%。① 因此，必须加强黄河全流域的"大协同"。上游地区人口基数相对较小，城镇化应以省会城市为中心，适度发展Ⅱ型大城市，提高人口、经济的空间集中度；中游地区则要着力构建以大中城市为主体的城市群或城市绵延带，考虑到生态环境的约束，不宜发展人口规模过大的特大城市；下游地区要进一步扩大城市规模，培育更多具有更强辐射影响力的中心城市，构建多中心、网络化的空间格局。

第三，建立全流域一体化协调发展机制，引导区域内人口、资源、资本、生态等各类要素更合理地配置。由于财税体制、土地规划、考核机制等方面的限制，整个流域内要素的流动仍存在诸多限制，是当前制约黄河流域高质量城镇化的根本原因。这就需要从全流域的视角构建一体化协调机制加以引导实现。以水权、碳排放权、森林/草原碳汇等为核心建立全流域生态产品价值实现的一体化机制，推动人口、产业等空间布局的优化。以流域内的城市群或城市绵延带为重点，建立财政能力均等化机制和公共服务成本分担的一体化机制，推动流域之间不同地区功能分工的深化，充分释放"城镇化"对资源要素的空间集聚效应。建立城乡一体化发展机制，拓展和延伸城市功能，改变整个流域点状分散化的城镇化模式，加快实现以"土地"为中心的"城镇化"向以"人"为中心的"城市化"转型。

第四，完善相关配套政策，在更高层面统筹推动黄河流域的城镇化。由于生态、气候等方面的约束，黄河流域部分地区并不适合大规模、就地城镇化，再加上黄河流域农村人口规模基数较大，整体发展

---

① 《中国水旱灾害报告2018》（中华人民共和国水利部）。

水平较低，承担城镇化成本的能力有限。因此，推动"异地城镇化"是实现该流域更高质量城镇化的有效路径之一。这就需要在国家层面完善住房、教育、医疗、社保等领域的相关政策，降低人口跨区域流动的成本，尤其是要采取更有效的政策激励发达地区对黄河流域欠发达地区非就业人口的吸纳。适时调整黄河中下游地区的行政区划，增强中心城市对人口、经济的集聚功能，提高公共服务、基础设施等的规模效应，降低城镇化成本。通过财政补贴、绿色金融、专项人才引进、技术集群布局等政策工具，推动生态技术、新能源、数字技术等新一代技术在黄河流域的应用推广，推动该地区农业、工业生产模式的变革，形成以"新型产业、新型消费"为支撑的新型城镇化；加快推动黄河流域智慧能源、智慧城市的建设，减轻城镇化对流域生态环境的影响，创造更高功能品质的城市空间，实现以"人"为中心的高质量城镇化。

执笔人：孙志燕

专题四

保障和改善黄河流域民生研究

黄河流域是我国重要的生态屏障和重要的经济地带，在我国经济社会发展和生态安全方面具有十分重要的地位。2019 年 9 月习近平总书记在郑州主持召开的黄河流域生态保护和高质量发展座谈会上指出，黄河流域生态保护和高质量发展，同京津冀协同发展、长江经济带发展、粤港澳大湾区建设、长三角一体化发展一样，是重大国家战略。① 黄河流域的高质量发展已经上升到国家战略高度。

高质量发展是经济总量与规模增长到一定阶段后，经济结构优化、新旧动能转换、经济社会协同发展、人民生活水平显著提高的结果。高质量发展的一个重要内涵就是"人民生活高质量"。要更加聚焦人民群众普遍关心关注的民生问题，提高人民的收入和消费水平，促进人民的稳定就业，让不同人群能享受到同等待遇的教育、医疗等公共服务和社会保障等。

本报告将重点分析我国黄河流域 9 个省区的民生问题，具体包括收入、消费、就业、教育、医疗、养老 6 个方面。考虑到不同地区/省区在资源禀赋、区位条件等各方面存在差异，本报告在分析每个民生问题时，除了描述黄河流域的整体情况外，也分上中下游、具体省区

① 习近平："在黄河流域生态保护和高质量发展座谈会上的讲话"，《求是》，2019 年第 20 期，第 1~5 页，http：//www.xinhuanet.com/2019－10/15/c_1125107042.htm？ivk_sa＝1023345p。

做细化分析；并进而与全国平均水平、一些发达地区作比较，从而明确黄河流域在民生方面还存在哪些短板亟待补齐。

关于本报告用到的所有数据，若没有特别标注，都来自国家统计局公布的官方数据和历年各省份统计年鉴。

本报告的具体内容安排如下：第一部分分析收入水平和收入差距；第二部分分析消费水平和消费结构；第三部分分析就业情况；第四部分挑选了公共服务和社会保障中最重要的教育、医疗、社会养老保险的覆盖率3个方面展开分析；第五部分是结论及政策建议。

一、黄河流域居民收入水平偏低、
区域城乡间收入差距较大

黄河流域人口众多，其经济的发展、居民收入水平的提高和收入差距的缩小，对优化我国区域经济结构、实现高质量发展有举足轻重的作用。2019年黄河流域9省区人口共计42180万人，占到全国总人口的30.1%，将近1/3。黄河流域9省区的GDP总额、居民收入的总和也分别占到全国的25.0%、25.5%，约为1/4。另外，黄河流域的GDP、居民收入在全国所占比重略比人口比重低5个百分点，也反映出黄河流域的经济发展水平、居民收入水平与全国相比还存在一定的差距（见表1）。

表1　　2019年黄河流域9省区人口总数、GDP、居民收入占全国的比重

	黄河流域9省区	全国	占全国的比重
人口总数（万人）	42180	140005	30.1%
GDP（亿元）	247408	990865	25.0%
居民收入（亿元）	10.989	43.027	25.5%

资料来源：根据国家统计局公布的2019年的数据计算而得。

（一）黄河流域居民的收入低于全国平均水平

黄河流域居民的人均收入水平偏低，仅相当于全国平均水平的84.8%。2019 年黄河流域 9 省区居民的人均可支配收入为 26054 元，比全国平均水平（30733 元）低 4679 元；与发达省份的差距更大，比如，约相当于同期浙江（49899 元）、江苏（41400 元）、广东（39014元）居民人均可支配收入的 52.2%、62.9%、66.8%。

黄河流域居民的收入存在区域间发展不平衡问题。上游和中游居民的收入水平明显低于下游。分上中下游看，黄河流域上游 5 省区、中游 2 省的人均可支配收入分别为 24613 元、24255 元，分别比下游 2省的人均可支配收入低 3221 元、3579 元，相当于下游的 87%～88%。黄河流域各省间的居民收入差异也很明显。黄河流域居民收入最低的3 个省份依次是黄河上游的甘肃（19139 元）和青海（22618 元）、中游的山西（23828 元），分别比居民收入最高的山东省（31597 元）低12458 元、8979 元、7769 元（见表 2）。

（二）黄河流域居民收入的名义增速逐渐放缓，由高于全国层面的人均可支配收入水平，逐渐转为低于全国平均水平

2013 年之前国家统计局对我国城镇居民和农村居民采用不同的收入统计口径，对城市居民统计的是人均可支配收入，对农村居民统计的是人均纯收入。自 2013 年之后，国家统计局才统一城镇和农村居民收入的统计口径，都为人均可支配收入。所以本部分只关注黄河流域2013 年之后各年份的收入增长情况。

黄河流域居民收入的名义增速逐渐下降，逐渐由高于全国平均水平转为低于全国平均水平。整体而言，2014 年、2015 年黄河流域居民的名义收入增速分别为 10.2%、9.1%，分别比全国平均水平高出 0.1

表2 2019 年黄河流域各省的居民人均可支配收入

		2019 年居民人均可支配收入（元）	与全国的比值（%）	与全国的差值（元）
黄河上游	青海	22618	73.6	−8115
	四川	24703	80.4	−6030
	甘肃	19139	62.3	−11594
	宁夏	24412	79.4	−6321
	内蒙古	30555	99.4	−178
黄河中游	陕西	24666	80.3	−6067
	山西	23828	77.5	−6905
黄河下游	河南	23903	77.8	−6830
	山东	31597	102.8	864
发达省份	江苏	41400	134.7	10667
	浙江	49899	162.4	19166
	广东	39014	126.9	8281
全国		30733	100.0	0

个百分点、0.2 个百分点；2016～2018 年，收入增速与全国平均水平基本相当；而到 2019 年，黄河流域居民的收入增速降为 8.8%，比全国平均水平低 0.1 个百分点。

上游 5 省区居民收入虽然基数低，但整体的收入增速高于中游和下游。2013～2019 年，上游 5 省区居民收入的年均增速为 9.4%，高于中游 2 省的 8.7%、下游 2 省的 8.9%，甚至还高于发达省份中的浙江（9.0%）、江苏（8.9%）、广东（8.9%）的年均增速。另外，2019 年黄河上游 5 省区居民的平均收入是 2013 年的 1.71 倍，中游 2 省、下游 2 省居民的平均收入则分别是 2013 年的 1.65 倍、1.67 倍。分具体省份看，2013～2019 年这 6 年间居民收入年均增速最快的 3 个省分别是黄河流域上游的青海（9.7%）、甘肃（9.7%）、四川（9.6%）。年均增速最低的 3 个省区依次是中游的山西（7.9%）、上游的内蒙古（8.5%）、下游的山东（8.8%）（见表3）。

表3　　　　2014 年以来各省区及全国居民人均可支配收入的名义增速　　　单位:%

		2014 年	2015 年	2016 年	2017 年	2018 年	2019 年	年均增速
黄河上游	青海	11.0	10.0	9.4	9.8	9.2	9.0	9.7
	四川	10.7	9.3	9.2	9.4	9.1	10.0	9.6
	甘肃	11.2	10.5	8.9	9.1	9.2	9.4	9.7
	宁夏	9.2	8.9	8.7	9.2	8.9	9.0	9.0
	内蒙古	10.0	8.5	8.1	8.6	8.3	7.7	8.5
黄河中游	陕西	10.2	9.8	8.5	9.3	9.2	9.5	9.4
	山西	9.4	8.0	6.7	7.2	7.7	8.4	7.9
黄河下游	河南	10.5	9.1	7.7	9.4	8.9	8.8	9.1
	山东	9.8	8.8	8.7	9.1	8.4	8.2	8.8
发达省份	江苏	9.7	8.7	8.6	9.2	8.8	8.7	8.9
	浙江	9.7	8.8	8.4	9.1	9.0	8.9	9.0
	广东	9.7	8.5	8.7	8.9	8.5	8.9	8.9
全国		10.1	8.9	8.4	9.0	8.7	8.9	9.0

　　注：数据基于统计局公布的数据计算而得。这里的"年均增速" = （2019 年的收入/2013 年的收入）^（1/6） -1，是收入的名义增速。由于自 2013 年之后，统计局才统一城镇和农村居民收入的统计口径，都为人均可支配收入，所以本表只呈现 2013 年之后各年份的收入增长情况。2013 年之前统计的是城市居民的人均可支配收入、农村居民的人均纯收入。

（三）黄河流域城乡间居民收入差距大但呈现逐渐缩小趋势

　　黄河流域农村居民的收入明显低于城镇居民，后者约是前者的 2.53 倍。黄河流域 9 省区农村居民的人均可支配收入为 14675 元，比城镇居民的人均可支配收入（37127 元）低 22452 元。黄河流域城乡间居民收入之比是 2.53，略低于全国平均水平（2.64），但高于浙江（2.01）和江苏（2.25）。分上中下游看，黄河流域上游城乡居民收入差距最大，高于中游和下游。黄河流域上游 5 省区的城镇居民收入为 36282 元，农村居民收入为 13538 元，城乡居民收入之比是 2.68，高于中游（2.44）和下游（2.38）。分具体省区看，城乡间居民收入差距最大的 3 个省依次是黄河上游的甘肃（3.36）、青海（2.94）、黄河中游的陕西（2.93）。城乡间收入差距最小的 2 个省份是黄河下游的河南（2.26）与山东（2.38）（见表4）。

表4　　　　　　　　　黄河流域各省区城乡居民收入之间的比值

年　份		2013	2014	2015	2016	2017	2018	2019
黄河上游	青海	3.15	3.06	3.09	3.09	3.08	3.03	2.94
	四川	2.65	2.59	2.56	2.53	2.51	2.49	2.46
	甘肃	3.56	3.47	3.43	3.45	3.44	3.40	3.36
	宁夏	2.83	2.77	2.76	2.76	2.74	2.72	2.67
	内蒙古	2.89	2.84	2.84	2.84	2.83	2.78	2.67
黄河中游	陕西	3.15	3.07	3.04	3.03	3.00	2.97	2.93
	山西	2.80	2.73	2.73	2.71	2.70	2.64	2.58
黄河下游	河南	2.42	2.38	2.36	2.33	2.32	2.30	2.26
	山东	2.52	2.46	2.44	2.44	2.43	2.43	2.38
发达省份	江苏	2.34	2.30	2.29	2.28	2.28	2.26	2.25
	浙江	2.12	2.08	2.07	2.07	2.05	2.04	2.01
	广东	2.67	2.63	2.60	2.60	2.60	2.58	2.56
全国		2.81	2.75	2.73	2.72	2.71	2.69	2.64

不过，自2013年以来黄河流域城乡间居民收入差距呈逐渐缩小趋势。与全国趋势相同，随着时间的推移，黄河流域城镇居民与农村居民之间的收入比在逐渐缩小，由2013年的2.71下降到2019年的2.53。分上中下游看，上游5省区的城乡间居民收入之比由2013年的2.90下降到2019年2.68，中游2省的城乡间居民收入之比由2013年的2.87下降到2019年的2.75，下游2省的城乡间居民收入之比由2013年的2.52下降到2019年的2.37。

黄河流域城乡间居民收入差距之所以缩小，主要源于农村居民的收入增速基本高于城镇居民的收入增速。就收入增速而言，无论是黄河流域整体，或是分上中下游，还是分具体省份看，2013年以来农村居民的收入增速都高于城镇居民的收入增速（见表5）。这是导致黄河流域城乡间收入差距逐渐变小的一个重要原因。

表5　　　　　黄河流域9省区农村和城镇居民收入增速情况比较　　　单位：%

年份		2014	2015	2016	2017	2018	2019
上游	青海 农村	12.7	8.9	9.2	9.2	9.8	10.6
	青海 城镇	9.6	10.0	9.0	9.0	8.0	7.3
	四川 农村	11.5	9.6	9.3	9.1	9.0	10.0
	四川 城镇	9.0	8.1	8.1	8.4	8.1	8.8
	甘肃 农村	12.3	10.5	7.5	8.3	9.0	9.4
	甘肃 城镇	9.7	9.0	8.1	8.1	7.9	7.9
	宁夏 农村	10.7	8.4	8.0	9.0	9.0	9.8
	宁夏 城镇	8.4	8.2	7.8	8.5	8.2	7.6
	内蒙古 农村	11.0	8.0	7.7	8.4	9.7	10.7
	内蒙古 城镇	9.0	7.9	7.8	8.2	7.4	6.5
中游	陕西 农村	11.8	9.5	8.1	9.2	9.2	9.9
	陕西 城镇	9.0	8.4	7.6	8.3	8.1	8.3
	山西 农村	10.8	7.3	6.6	7.0	8.9	9.8
	山西 城镇	8.1	7.3	5.9	6.5	6.5	7.2
下游	河南 农村	11.1	8.9	7.8	8.7	8.7	9.6
	河南 城镇	8.9	8.0	6.5	8.5	7.8	7.3
	山东 农村	11.2	8.8	7.9	8.3	7.8	9.1
	山东 城镇	8.7	8.0	7.8	8.2	7.5	7.0
发达省份	江苏 农村	10.6	8.7	8.3	8.8	8.8	8.8
	江苏 城镇	8.7	8.2	8.0	8.6	8.2	8.2
	浙江 农村	10.7	9.0	8.2	9.1	9.4	9.4
	浙江 城镇	8.9	8.2	8.1	8.5	8.4	8.3
	广东 农村	10.6	9.1	8.6	8.7	8.8	9.6
	广东 城镇	8.8	8.1	8.4	8.7	8.2	8.5
全国	农村	11.2	8.9	8.2	8.6	8.8	9.6
	城镇	9.0	8.2	7.8	8.3	7.8	7.9

二、黄河流域居民的消费水平偏低，不过与全国的差距呈逐渐缩小趋势

与收入类似，由于国家统计局在 2013 年之后才统一城乡居民的消费支出口径，所以本部分也仅关注 2013 年之后黄河流域各省份居民的消费情况，并与全国总体水平和发达省份作比较。本部分主要从消费支出水平、消费率（消费支出占收入的比重）、消费结构三个方面来作分析。

（一）黄河流域居民的消费水平偏低且增速逐渐放缓

黄河流域居民的人均消费支出明显低于全国平均水平。2019 年黄河流域居民的人均消费支出为 17994 元，比全国平均水平（21559 元）低 3565 元，相当于全国平均水平的 83.5%；与东部发达省份的差距更大，约相当于同期浙江（32026 元）、广东（28995 元）、江苏（26697 元）居民人均消费支出的 56.2%、62.1%、67.4%。

黄河流域内部不同地域居民的消费水平差异明显，区域间发展不平衡。分上中下游看，2019 年黄河中游 2 省居民的人均消费支出最低，平均为 15228 元，比上游 5 省区（18840 元）、下游 2 省（18424 元）分别低 3612 元、3196 元，更是比全国平均水平低 6331 元。分具体省份看，人均消费支出最低的山西（12902 元）比最高的内蒙古（20743 元）低 7841 元（见表 6）。

2013~2019 年黄河流域各省份居民人均消费支出的增速逐渐放缓，不过年均增速略高于全国平均水平。如表 7 所示，与全国趋势相同，黄河流域 9 省区居民人均消费支出的增速也呈下降趋势，由 2014 年的 10.8% 下降到 2019 年的 8.4%。不过，2013 年以来黄河流域人均消费支出的年均增速（8.8%）略比全国平均增速（8.5%）高 0.3 个

表6 　　　　　2019 年黄河流域各省份的居民人均消费支出

		居民人均消费支出（元）	与全国的比值（%）	与全国的差值（元）
黄河上游	青海	17545	81.4	−4014
	四川	19338	89.7	−2221
	甘肃	15879	73.7	−5680
	宁夏	18297	84.9	−3262
	内蒙古	20743	96.2	−816
黄河中游	陕西	17465	81.0	−4094
	山西	12902	59.8	−8657
黄河下游	河南	16332	75.8	−5227
	山东	20427	94.8	−1132
发达省份	江苏	26697	123.8	5138
	浙江	32026	148.5	10467
	广东	28995	134.5	7436
全国		21559	100.0	0

百分点。分上中下游看，黄河中游 2 省人均消费支出的年均增速（8.0%）最低，黄河下游 2 省的年均增速最高（9.0%）。分具体省份看，甘肃（10.0%）和四川（9.8%）的年均增速最高，内蒙古（5.7%）的年均增速最低。

表7 　　　2013 年以来黄河流域 9 省区人均消费支出的增速 　　　　单位：%

	2014 年	2015 年	2016 年	2017 年	2018 年	2019 年	年均增速
黄河流域（整体）	10.8	8.6	8.2	7.8	8.9	8.4	8.8
上游 5 省区	10.9	9.2	8.5	7.4	8.3	8.4	8.8
中游 2 省	9.6	7.3	6.6	6.9	8.7	8.8	8.0
下游 2 省	11.1	8.6	8.5	8.3	9.4	8.3	9.0
全国	9.6	8.4	8.9	7.1	8.4	8.6	8.5

（二）黄河流域城乡居民间的消费水平仍差距较大，不过有缩小趋势

黄河流域农村居民的人均消费支出明显低于城镇居民，约为城镇

居民的一半。2019 年黄河流域农村居民的人均消费支出为 12013 元，比城镇居民（24348 元）低 12335 元。黄河流域城乡居民消费支出之比是 2.03，略低于全国平均水平（2.11），但高于浙江（1.76）和江苏（1.77）。分上中下游看，黄河流域中游城乡居民人均消费差距最大，高于上游和下游。黄河流域中游 2 省的城镇居民人均消费支出为 22357 元，农村居民人均消费支出为 10345 元，城乡居民消费之比是 2.16，高于上游（1.94）和下游（2.07）。分具体省区看，城乡居民人均消费支出差距最大的 3 个省依次是甘肃（2.52）、山西（2.17）、山东（2.17），差距最小的 2 个省（自治区）分别是四川（1.80）、内蒙古（1.84）。

不过，随着时间的推移，黄河流域农村居民消费水平与城镇居民之间存在的差距呈逐渐缩小趋势。与全国趋势相同，黄河流域城镇居民与农村居民之间的消费支出比在逐渐缩小，由 2013 年的 2.35 下降到 2019 年的 2.03。分上中下游看，上游 5 省区的城乡间居民人均消费支出比由 2013 年的 2.28 下降到 2019 年的 1.94，中游 2 省的城乡间居民消费支出比由 2013 年的 2.33 下降到 2019 年的 2.16，下游 2 省的城乡间居民消费支出比由 2013 年的 2.43 下降到 2019 年的 2.07。分具体省份看，2013～2019 年黄河流域的所有省份的城乡居民消费支出比基本都呈现逐渐下降的趋势（见表 8）。

（三）黄河流域上游农村居民的收支压力相对较大

黄河流域居民整体的收支压力与全国水平相当。这里用居民的人均消费支出占人均收入的比重（下文简称"消费率"）来衡量居民的家庭收支压力或收支情况。数据显示，黄河流域居民的消费率为 69.1%，接近全国平均水平 70.1%。分上中下游看，上游居民的消费

表8		黄河流域各省区的城乡居民消费支出比						
年　份		2013	2014	2015	2016	2017	2018	2019
黄河上游	青海	2.16	2.12	2.24	2.26	2.17	2.22	2.10
	四川	2.19	2.14	2.08	2.03	1.93	1.85	1.80
	甘肃	2.55	2.59	2.56	2.61	2.57	2.49	2.52
	宁夏	2.35	2.24	2.26	2.23	2.03	2.04	2.11
	内蒙古	2.12	2.09	2.06	1.98	1.94	1.93	1.84
黄河中游	陕西	2.53	2.42	2.34	2.26	2.19	2.18	2.15
	山西	2.13	2.09	2.13	2.12	2.18	2.16	2.17
黄河下游	河南	2.40	2.22	2.17	2.11	2.11	2.02	1.90
	山东	2.42	2.30	2.27	2.26	2.23	2.20	2.17
发达省份	江苏	2.07	1.99	1.94	1.83	1.78	1.78	1.77
	浙江	1.97	1.88	1.78	1.73	1.76	1.76	1.76
	广东	2.42	2.35	2.31	2.30	2.29	2.01	2.03
全国		2.47	2.38	2.32	2.28	2.23	2.15	2.11

注：城乡消费支出比＝城镇居民人均消费支出/农村居民人均消费支出。

率最高，为76.5%，高于中游（65.9%）和下游（64.7%）。随着时间的推移，黄河流域的青海、内蒙古、陕西3省区居民的消费率有所下降，其他省份基本保持不变。

分城乡看，黄河流域农村居民的家庭收支压力明显大于城镇，其中上游农村居民收支压力最大。如表9所示，2019年黄河流域农村居民的消费率为81.9%，比城镇居民高出16.3个百分点。分上中下游看，上游农村居民的消费率高达95.5%，比上游城镇居民（69.2%）高出26.3个百分点。由此看出，黄河流域上游的农村居民几乎没有什么储蓄，未来抵御风险和外部冲击的能力较弱。分具体省份看，黄河上游的甘肃（100.7%）、青海（98.6%）、四川（95.8%）3省农村居民的消费率都超过95%，这3个省农村居民的收支压力较大，家庭经济状况相对窘迫。作为贫困县和贫困人口较集中的地区，虽然这3

个省的所有贫困县于 2020 年年底全部宣布脱贫，但仍需政府高度关注和扶持，以防范其再次返贫。

表 9 2019 年黄河流域居民的消费率 单位:%

	农村居民	城镇居民
黄河流域（整体）	81.9	65.6
上游 5 省区	95.5	69.2
中游 2 省	82.1	64.4
下游 2 省	72.7	63.6
全国	83.2	66.3
江苏	78.1	61.4
浙江	71.5	62.3
广东	90.1	71.5

得益于近些年脱贫攻坚工作的开展，黄河流域农村居民的家庭收支状况得到明显改善。2013～2019 年，黄河流域各省区农村居民的消费率都出现了不同幅度的下降。其中，消费率下降幅度最大的 3 个省区依次是青海（-17.5%）、内蒙古（-10.7%）、山西（-5.8%）。以青海为例，青海的农村居民消费率由 2013 年的 116.2% 下降为 2019年的 98.6%，即由入不敷出变为收支基本平衡甚至略有结余。这从某种程度上也反映出近些年当地的扶贫工作取得了有目共睹的进展和成效。

三、黄河流域的就业总量压力依然存在，
就业人口的城乡结构有待改善

就业是最大的民生。"实施就业优先政策"被写入党的十九届四中全会《中共中央关于坚持和完善中国特色社会主义制度，推进国家

治理体系和治理能力现代化若干重大问题的决定》。2020 年以来，为克服新冠肺炎疫情带来的不利影响，以习近平同志为核心的党中央在强调扎实做好"六稳"工作的同时，提出全面落实"六保"任务。在"六稳"工作中，稳就业居于首位。在"六保"任务中，保居民就业同样居于首位。因此，本部分利用来自各省份统计年鉴的关于人口和就业的数据重点分析黄河流域的就业问题。

（一）随着我国人口老龄化，黄河流域的总就业人数在 2017 年达到峰值后开始出现下降

黄河流域的就业人数约占全国总就业人数的 1/3，是我国就业人口的主力军。2018 年黄河流域就业总人数为 25828 万人，占全国总就业人数的 33.3%。分上中下游看，下游的河南和山东的总就业人数最多，为 13342 万人，占全国总就业人数的 17.2%；其次是上游 5 省区和中游 2 省，就业人数分别为 8505 万人、3981 万人，分别占全国总就业人数的 11.0%、5.1%（见表 10）。

表 10　　　　　　　　　　2018 年黄河流域总就业规模

	就业人数 （万人）	常住人口 （万人）	就业人数占常住人口 的比重（%）	占全国就业人数 的比重（%）
黄河流域（整体）	25828	42037	61.4	33.3
上游 5 省区	8505	14803	57.5	11.0
中游 2 省	3981	7582	52.5	5.1
下游 2 省	13342	19652	67.9	17.2
全国	77586	139538	55.6	100

备注：数据来自各省统计年鉴。

黄河流域整体的就业人数占当地常住人口的比重高于全国平均水平。2018 年黄河流域 9 省区的总就业人数占常住人口总数的比重为

61.4%，高于全国平均水平55.6%。分上中下游看，黄河下游2省（河南、山东）对应的就业人数占常住人口的比重为67.9%，明显高于黄河上游5省区（57.5%）、黄河中游2省（52.5%），更比全国平均水平高出12.3个百分点。

河南、山东、四川不仅是全国更是黄河流域的就业主力军所在地。分省区看，黄河流域就业人数最多的3个省分别是河南、山东、四川，2018年这3个省的就业人数分别为6692万人、6650万人、4881万人，分别约占全国就业总人数的8.6%、8.6%、6.3%。黄河流域就业人数最少的3个省区分别是青海、宁夏与内蒙古，对应的就业人数分别是329万人、381万人、1349万人，分别占全国就业总人数的0.4%、0.5%、1.7%。

随着人口老龄化和我国人口结构的变化，黄河流域就业人数在2017年达到峰值后开始下降。自2000年以来，黄河流域9省区的总就业人数由21975万人逐渐增加到2017年的25949万人，达到峰值后开始出现下降势头，下降到2018年的25828万人。分上中下游看，上游和中游的就业人数也同样是到达峰值后出现下降，而下游则一直保持上升势头。具体而言，上游的就业人数从2000年的7756万人逐渐上升到2016年8576万人的峰值后，开始出现逐年下降趋势；而中游则是从2000年的8777万人逐渐上升到2017年10753万人的峰值后，开始出现下降趋势；下游的就业人数则从2000年至今一直保持上升趋势。

（二）黄河流域城镇就业人口比重偏低，就业的城乡结构有待进一步优化

城镇化的核心是人口就业结构、经济产业结构的转化过程和城乡空间社区结构的变迁过程。城镇化的本质特征主要体现在三个方面：一是农村人口在空间上的转换；二是非农产业向城镇聚集；三是农业劳动力向非农业劳动力转移。本部分将重点分析黄河流域的人口就业结构，即城镇就业人口比重和农村就业人口比重，进而探析黄河流域的城镇化发展水平。

黄河流域就业人员中的城镇就业人员所占比重低于全国平均水平，城镇化水平偏低。在黄河流域的 25350 万就业人员中，14855 万属于农村就业人员，10495 万属于城镇就业人员，分别占到 58.6%、41.4%。黄河流域就业人员中的城镇就业人员比重比全国平均水平（56%）低 14.6 个百分点。分上中下游看，黄河上游 5 省区就业人员中城镇就业人员所占比重最低，仅为 38.6%，中游对应的比重最高，达到 54.1%（见表 11）。

表 11　　　　黄河流域常住人口和就业人数中的城乡结构

		常住人口		就业人数	
		农村	城镇	农村	城镇
具体人数（万人）	黄河流域整体	18564	23473	14855	10495
	上游 5 省区	6861	7942	5218	3278
	中游 2 省	3164	4418	1826	2156
	下游 2 省	8538	11114	7811	5062
	全国	56401	83137	34167	43419
比重（%）	黄河流域整体	44.2	55.8	58.6	41.4
	上游 5 省区	46.3	53.7	61.4	38.6
	中游 2 省	41.7	58.3	45.9	54.1
	下游 2 省	43.4	56.6	60.7	39.3
	全国	40.4	59.6	44.0	56.0

黄河流域就业人员中的城镇就业人员所占比重也低于黄河流域常住人口中的城镇人口比重，二者之间的差距大于全国平均水平。前者

衡量就业人口的城乡结构，后者衡量常住人口的城乡结构。黄河流域就业人员中的城镇就业人员比重为41.4%，黄河流域常住人口中的城镇人口比重为55.8%，前者比后者低14.4个百分点，两者之间的差距明显大于全国对应的平均差距（−3.6% ＝56.0% −59.6%）。分上中下游看，黄河上中下游对应的就业人口中的城镇人口比重分别比常住人口中的城镇人口比重低15.1个、4.1个、17.2个百分点，黄河下游对应的差距最大。

虽然黄河流域的城镇化水平低于全国，但一直处于稳步提高趋势。2000～2018年，黄河流域的城镇就业人员从2000年的5589万人增加到2018年的10495万人，增加了4906万人。随着时间的推移，黄河流域农村就业人数呈现逐渐下降的趋势，从2000年的16387万人下降到2018年14855万人，近20年来下降了1532万人。

四、黄河流域的教育、医疗、养老三大民生问题明显改善，但还有待进一步提升

近些年，随着经济的发展，政府在公共服务和社会保障方面的支出逐渐加大。例如，2018年，黄河流域9省区的地方财政一般公共服务支出总计4584.8亿元，是2008年（2170.5亿元）的2.1倍。就人均地方财政一般公共服务支出而言，2018年黄河流域为1090.6元，是2008年（538.9元）的2.02倍。随着政府投入的加大，黄河流域的社会公共服务水平逐渐提高，各项社保政策覆盖人群逐渐扩大，流域内人民的基本生产生活条件明显改善。

在各项民生问题中，教育、医疗、养老是人们最关注的三大问题。在各项公共服务中，教育和医疗又是重中之重，社会养老保险也是社

会保障制度的重要组成部分。所以，本部分分别从教育、医疗、城乡居民社会养老保险普及率三个方面来分析黄河流域政府的投入支出变化以及居民享受到的公共服务和社保情况，并与全国平均水平作比较。

（一）教育：20 年来黄河流域的教育经费大幅提高，但与全国平均水平和发达地区还存在一定差距

近 20 年来黄河流域的教育经费大幅提高。随着黄河流域经济发展水平的提高，政府在教育方面投入的经费也在逐年上涨。黄河流域的人均教育经费从 2000 年的 227 元逐渐上涨到 2017 年的 2466 元，后者约是前者的 11 倍，年均增速为 15.1%。随着我国经济进入新常态和 GDP 增速逐渐放缓，教育经费的增速也有所放缓，不过 2013 年以来的年均增速仍然达到 7.0%。分上中下游看，黄河流域上游教育经费的增长速度快于中游和下游。上中下游的人均教育经费分别从 2000 年的 211 元、263 元、226 元上涨到 2017 年的 2619 元、2531 元、2325 元，2000～2017 年的年均增速分别为 16.0%、14.3%、14.7%，2013 年以来的年均增速也分别达到 7.9%、4.3%、7.5%。

黄河流域的教育经费投入与全国平均水平和发达省份还存在一定差距。2017 年黄河流域的人均教育经费（2466 元），仅相当于全国同期人均教育经费（3062 元）的 80.5%；与发达省份的差距更大，仅相当于同期浙江（3770 元）、广东（3457 元）、江苏（3233 元）人均教育经费的 65.4%、71.3%、76.3%（见表 12）。

不过，随着时间的推移，黄河流域的教育经费投入与全国平均水平和发达省份的差距在逐渐缩小。比如，2000 年时黄河流域 9 省区的人均教育经费（227 元）相当于全国人均教育经费（304 元）的 74.7%，到 2017 年则提高到 80.5%，相对差距缩小了约 6 个百分点。

表 12　　　　　　　　　　　黄河流域人均教育经费　　　　　　　　　　单位：元

年份	黄河流域				全国	发达省份		
	整体	上游 5 省区	中游 2 省	下游 2 省		江苏	浙江	广东
2000	227	211	263	226	304	397	470	417
2001	277	268	337	260	363	458	598	482
2002	326	322	399	301	427	546	711	588
2003	360	349	453	334	480	624	847	694
2004	415	407	513	385	557	740	1016	778
2005	489	474	599	460	644	877	1139	877
2006	533	506	634	516	747	894	1245	917
2007	688	687	775	657	919	1102	1369	1111
2008	851	897	1001	759	1092	1284	1530	1179
2009	991	1087	1181	846	1237	1415	1689	1268
2010	1169	1279	1321	1027	1459	1671	1951	1468
2011	1467	1521	1681	1343	1772	2011	2209	1794
2012	—	—	0	0	—	—	—	—
2013	1882	1934	2143	1743	2232	2502	2636	2328
2014	1973	2055	2174	1833	2398	2613	2919	2551
2015	2172	2310	2430	1968	2628	2816	3172	2809
2016	2294	2468	2400	2122	2812	3003	3382	3062
2017	2466	2619	2531	2325	3062	3233	3770	3457
2017/2000	10.9	12.4	9.6	10.3	10.1	8.2	8.0	8.3
2000～2017 年均增速	15.1%	16.0%	14.3%	14.7%	14.6%	13.1%	13.0%	13.2%
2013～2017 年均增速	7.0%	7.9%	4.3%	7.5%	8.2%	6.6%	9.4%	10.4%

备注：数据来自各省区统计年鉴。

分上中下游看，上游的追赶速度相对较快。上游 5 省区人均教育经费与全国人均教育经费的比值由 2000 年的 69.4% 提高到 2017 年的 85.5%，提高了 16.1 个百分点；下游 2 省由 2000 年的 74.3% 提高到 2017 年的 75.9%，上升了 1.6 个百分点；中游 2 省则不升反降，由

2000 年的 86.5% 下降到 2017 年的 82.7%，下降了 3.8 个百分点。

黄河流域在教育方面还存在明显的不平衡和不充分问题。进入 21 世纪后黄河流域在义务教育的公共投资方面取得了一些实质性进步，教育经费与经济基本上保持了同步增长，城乡之间义务教育经费的差距有所缩小。然而，在非义务教育阶段如高中教育，城乡之间和地区之间公共教育经费支出的差别仍然很大。另外，学前教育是个人能力发展过程中最重要的人生阶段，由于我们国家没有将学前教育纳入义务教育范围，一些农村地区仍有相当大比例的学前儿童没有接受正规的学前教育。

（二）医疗：近些年黄河流域的医疗条件逐步改善，但不均衡问题仍然突出

黄河流域医疗卫生硬件方面的条件进一步改善，医疗卫生机构数和卫生机构床位数明显增加。医疗卫生机构数由 2010 年的 35.3 万个增加到 2018 年的 37.5 万个，8 年间增加了 2.2 万个，增长幅度为 6%，占到全国医疗卫生机构总数的 37.6%，每万人对应的医疗卫生机构数由 2010 年的 8.7 个增加到 2018 年的 8.92 个，增长了 2.6%（见表 13）。

表 13　　　　　　　黄河流域的医疗卫生机构数的增长情况

年份	黄河流域整体（个）	全国（个）	黄河流域整体/全国（%）
2010	352933	936927	37.7
2011	356512	954389	37.4
2012	350653	950297	36.9
2013	364550	974398	37.4
2014	369098	981432	37.6
2015	368990	983528	37.5

年份	黄河流域整体（个）	全国（个）	黄河流域整体/全国（%）
2016	369327	983394	37.6
2017	372692	986649	37.8
2018	375090	997433	37.6
2018~2010	22157	60506	—
2018/2010 - 1	6.3%	6.5%	—

备注：数据来自各省统计年鉴。

黄河流域的卫生机构床位数比全国平均水平还略高。黄河流域的卫生机构床位数由 2000 年的 97 万张增加到 2018 年的 268 万张。18 年间增加了 171 万张，2018 年约是 2000 年的 2.8 倍，占到全国卫生机构床位总数的 31.9%；每万人对应的卫生机构床位数由 2000 年的 24.5 张增加到 2018 年的 63.7 张，后者约是前者的 2.6 倍，比全国平均水平（60.2 张）还略高出 3.5 张。

黄河流域医疗卫生软件方面的条件也明显改善，卫生人员数和执业医师数大幅增加。黄河流域的卫生人员数由 2000 年的 166.6 万人增加到 2018 年的 388.6 万人，18 年间增加了 222 万人，2018 年约是 2000 年的 2.3 倍，占到全国卫生人员总数的 31.6%；每万人对应的卫生人员数由 2000 年的 42 人增加到 2018 年的 92.4 人，后者约是前者的 2.2 倍，比全国平均水平（88.2 人）还多出 4.2 人。

近 10 年来黄河流域的执业医师数量增加了近一倍。黄河流域的执业医师数由 2008 年的 51.4 万人增加到 2018 年的 90.8 万人。10 年间增加了 39.4 万人，2018 年约是 2008 年的 1.77 倍，占到全国执业医师总数的 30.2%；每万人对应的执业医师数由 2008 年的 12.8 人增加到 2018 年的 21.6 人，后者约是前者的 1.7 倍，与全国平均水平（21.6 人）相当。

但黄河流域医疗卫生服务质量不均衡问题仍然突出。尽管过去 10 多年黄河流域医疗卫生的公益性水平有所提高，医疗供给也进一步提高，但目前医疗卫生服务质量仍然不均衡，健康不平等问题、优质医疗资源分布不均衡问题仍很突出。大多数优质医疗资源集中在中心城市，广大农村地区尤其是经济欠发达农村地区的医疗服务质量还相对较差，导致广大民众利用优质医疗资源存在困难，形成新的看病难、看病贵问题。

（三）养老：黄河流域城乡居民社会养老保险虽实现"制度全覆盖"，但并未实现"人员全覆盖"，参保率偏低

养老保险是社会保险和社会保障体系的重中之重，是优化老年人养老服务的经济保障、实现"老有所养"的重要制度安排。在我国人口老龄化程度加深的背景下，养老保险政策的改革与推广，对老年人摆脱贫困起着举足轻重的作用，与我国老年人口的贫困问题密切相关。目前我国的基本养老保险制度主要包括城镇职工基本养老保险制度和城乡居民养老保险制度。城镇职工基本养老保险制度覆盖的人群是城镇各类企业职工、个体工商户和灵活就业人员。城乡居民养老保险制度统一覆盖全体城乡居民，具体包括年满 16 周岁（不含在校学生）、非国家机关和事业单位工作人员及不属于职工基本养老保险制度覆盖范围的城乡居民。

黄河流域各省区已实现养老保险"制度全覆盖"，近些年参保人群大幅增加。通过多年的努力，黄河流域各省区为不同身份的人员建立了不同的养老保险制度，越来越多的人加入了养老保险制度。2012 年黄河流域城乡居民社会养老保险的参保人数为 17456 万，到 2018 年已增长到 18672 万，6 年间增长了 1216 万，增长幅度为 7.0%。黄河流域城乡居民社会养老保险的覆盖范围在逐步扩大。

但黄河流域并未实现养老保险"人员全覆盖"。虽然黄河流域养老保险已实行"制度全覆盖"，但现实中仍有不少农村居民和农民工尤其是那些贫困人口和低收入者，由于收入水平低、缴费能力受到限制，而未参加养老保险。再加上城乡居民养老保险制度的参保原则是自愿参保，且保障水平低，转移接续难，很多农村居民和农民工参保的积极性不高。

五、结论及政策建议

高质量发展的一个重要内涵就是"人民生活高质量"。要统筹安排好人民群众普遍关心关注的收入、消费、就业、教育、医疗、养老等民生工作。近些年，随着黄河流域经济和社会的发展，在和老百姓生活密切相关的几个民生问题上，黄河流域都取得了不同程度的进步。不过在不少方面与全国平均水平、与我国高质量发展目标还存在一定差距。基于对统计局公布的官方数据以及各省份统计年鉴数据的分析结果，并结合我国高质量发展目标，本章的主要发现和相关政策建议具体如下。

第一，黄河流域居民的收入和消费水平整体偏低且区域间发展不平衡，年均增速也在逐渐放缓。黄河流域居民的人均收入和人均消费都低于全国平均水平，且区域间发展不平衡，上中下游间、各省区居民间的收入和消费水平差异明显。城乡间居民收入和消费水平的差距依然较大，但近些年呈现逐渐缩小趋势。黄河流域农村居民的家庭收支压力明显大于城镇，其中上游农村居民收支压力最大，上游的农村居民几乎没有什么储蓄，未来抵御风险和外部冲击的能力较弱。随着我国整体经济进入新常态，黄河流域居民收入的名义增速、消费支出的增速都呈现逐渐下降趋势。

因此，要多渠道拓宽黄河流域城乡居民的收入来源，不断满足人民对美好生活的新期待。要提升城乡居民的收入除了要增加其工资收入和经营收入外，还要设法提高他们的财产性收入。要拓宽城镇居民利息、股息、红利、租金、保险等财产性增收渠道；同时，要深化农村土地制度改革，推进宅基地流转、置换方式创新，让农村居民合理分享土地升值收益。

第二，当前和今后一个时期，随着我国人口逐渐老龄化，黄河流域的就业总量压力依然存在，就业人员的城乡结构有待优化。黄河流域 9 省区的就业人数约占全国总就业人数的 1/3，是我国就业人口的主力军。随着人口老龄化和我国人口结构的变化，黄河流域总就业人数在 2017 年达到峰值后开始下降。关于就业人口的城乡结构而言，黄河流域城镇就业人员比重偏低，低于全国平均水平，城镇化水平有待进一步提高。

随着黄河流域第一次人口红利（数量红利）的逐渐消失，未来应通过提升劳动力质量、提高劳动力资源的配置效率来创造第二次人口红利（即质量红利），以提高劳动生产率促进经济增长。在黄河流域就业人口规模逐渐下降、劳动力供给有限的情况下，一方面要通过提高人力资本来提高劳动力质量，进而提高全要素生产率。而提高人力资本，就意味着要提高教育水平，提高教育水平又包括教育数量的扩展和教育质量的提升。另一方面，要提高劳动力的配置效率，即促进劳动力在城乡间、部门间、区域间的流动性，从低效率部门转移到高效率部门，优化就业人口的城乡结构，进而提升劳动生产率促进经济增长。这意味着要推进就业制度平等，消除户籍、地域、身份、性别、行业等一切影响平等就业的制度障碍，营造城乡一体化公平就业环境。与此同时，还要研究制定延迟退休方案，倡导终身发展理念，支持老年人力所能及地发光发热、老有所为，积极参与经济社会活动。

第三，黄河流域的教育、医疗、养老三大民生问题明显改善，但还存在不平衡和不充分问题。教育方面，20年来黄河流域的教育经费大幅提高，但与全国平均水平和发达地区还存在一定差距。在非义务教育阶段如高中教育和学前教育阶段，城乡之间和地区之间公共教育经费支出的差别仍然很大。医疗方面，近些年黄河流域的医疗条件逐步改善，无论硬件方面的卫生机构数和卫生机构床位数，还是软件方面的卫生人员数、执业医师数都明显增加。养老方面，黄河流域城乡居民社会养老保险虽实现"制度全覆盖"，但并未实现"人员全覆盖"。

要保证民生底线，黄河流域应逐渐增加教育、医疗、养老等民生领域的投入，在提高公共服务水平的同时也要促进基本公共服务均等化。在城镇，教育、医疗和养老等高昂的生活成本在很大程度上降低了居民的生活水平，也压制了他们的消费需求。而在农村，农村居民目前还远远无法享受到与城镇居民同等的教育、医疗、养老等公共服务水平。简言之，城镇居民面临的是"成本高"的问题，而农村居民面临的是"供给不足"的问题。因此，在教育、医疗和养老保障等方面要增加公共投入，减轻中低收入人群的支出负担，从而保障他们的生活水平不断提升。要保证民生底线，实现基本公共服务均等化。基本公共服务要同常住人口挂钩，由常住地供给；提高基本公共服务统筹层次，加快实现养老保险全国统筹；推动区域间基本公共服务衔接，加快建立医疗卫生、劳动就业等基本公共服务跨区域流转衔接制度。

执笔人：杨修娜

专题五

黄河上游地区生态保护和高质量发展研究

　　内蒙古自治区托克托县河口镇以上的河段为上游，河道穿越青藏高原和黄土高原，全长 3472 千米，流域面积 38.6 万平方千米。河段汇入的较大支流（流域面积 1000 平方千米以上）43 条，径流量占全河的 54%。根据河道地理特征的不同，可分为河源段、峡谷段和冲积平原段三部分。从源头至龙羊峡以上部分为河源段，河流曲折迂回，全程都是海拔三四千米的高原，两岸多为湖泊、沼泽、草滩，水量大，水质清，水流稳定。从龙羊峡到青铜峡部分为峡谷段，分布有龙羊峡、积石峡、刘家峡、八盘峡、青铜峡等 20 个峡谷，河床狭窄，河道落差大，是黄河水力资源的"富矿"区，也是中国重点开发建设的水电基地之一。从青铜峡至河口镇部分为冲积平原段，沿河所经区域大部分为荒漠和荒漠草原，也有大片冲积平原，银川平原与河套平原是著名的引黄灌区。

一、黄河上游地区发展的特征性事实

（一）河源段

1. 自然资源概况

河源段生态系统类型具有明显的多样化特征，集草地生态系统、森林生态系统、湿地生态系统、荒漠生态系统等于一体。

（1）水资源。该段河流两岸湖泊沼泽众多，降雨量相对较多，水资源十分丰富，径流量占到黄河总量的一半，不但地表蕴藏量和径流量大，而且地下水资源也比较丰富，水质常年保持在Ⅱ类以上。

（2）草地资源。据《全国草原监测报告2017》，该段河流草原面积约为5675万公顷，占上游省区草原面积的32.9%。其中，青海省草原总面积3636.97万公顷，四川省草原总面积2038.04万公顷。

（3）湿地资源。该区域内湿地资源极为丰富，是重点生态功能区和水源涵养区。其中，青海省湿地资源面积达814.36万公顷，占全国湿地总面积的15.19%，湿地面积居全国第一，涵盖湖泊、河流、沼泽、人工等四大湿地类型。四川省黄河流域湿地面积为81.14万公顷。

2. 功能定位

河源段主要任务是建设三江源生态保护区和水源涵养区，打造山水林田湖草沙生命共同体，从源头筑牢黄河流域生态安全屏障。作为源头，青海省在全国率先建立以国家公园为主体的自然保护地体系示范省。据《三江源国家公园公报（2019）》显示，自国家公园体制试点以来，三江源水源涵养量年均增幅6%以上，草地覆盖率比10年前提高了11%。

3. 社会发展

据《国家统计公报2020》数据显示，2019年河源段实际涉及流域人口585.82万人。其中，青海省涉及2市6州35个县525.21万人口，四川省涉及2州5县23万人口。这些地区少数民族聚居，经济发展整体滞后，社会发育程度不高，牧区农区贫困面大、贫困程度较深。该区域建档立卡贫困人口73万人（青海省40.5万人，占全省贫困人口总数77.9%；四川省32.4万人，占全省贫困人口总数5.2%），已于2020年全部脱贫。

4. 发展基础

黄河流域上游地区自然条件、经济基础和发展速度相对于中下游地区存在明显差距，上游地区之间也存在较大差异，特别是河源段地区，经济发展普遍落后。该区域人均地区生产总值、人均可支配收入均低于全国平均水平（见表1）。

表 1　　　　　　居民人均可支配收入来源（2019 年）　　　　　　单位：元/人

地区	可支配收入	工资性收入	经营净收入	财产净收入	转移净收入
全国	30732.8	17186.2	5247.3	2619.1	5680.3
黄河流域	25046.79	13727.39	4713.82	1445.99	5159.59
四川	24703.1	12048.8	5058.1	1593.3	6002.9
青海	22617.7	13204.1	3305.9	1140.9	4966.7

资料来源：国家统计局编：《中国统计年鉴 2020》，中国统计出版社。

5. 主导产业

（1）从产业结构来看。第一产业比重相对较大，青海、四川分别为 10.17%、10.31%，均高于全国平均水平 3 个百分点以上；第二产业比重基本与全国平均水平持平，青海、四川分别为 39.1%、37.25%；第三产业比重均低于全国平均水平，青海、四川分别为 50.72%、52.44%。

（2）从特色行业看。畜牧业优势明显。河源段的青海是全国第四大牧区，四川的若尔盖高原也是重要商品牲畜、役畜和种畜的生产基地，当地牧民群众收入的 90% 都来源于畜牧业。同时，该区域是我国牦牛主产区，仅青海片区牦牛数量就达到 600 多万头，占全国牦牛总数的 40% 左右。新能源产业优势凸显。以青海为例，清洁能源种类全、储量大、分布广，建设水、光、风多能互补的清洁能源体系优势明显，两个千万千瓦级清洁能源示范基地已经成形，并建成世界首条清洁能源外送通道，全省清洁能源装机占比超过九成。

（二）峡谷段

1. 自然资源概况

峡谷段是青海龙羊峡到宁夏青铜峡部分，黄河进入黄土高原，生态系统类型以森林、草原、湿地、荒漠为主。

（1）水资源。因岩石性质的不同，受河流冲刷，该段峡谷和宽谷相间，分布着龙羊峡、积石峡、刘家峡、八盘峡、青铜峡等20个峡谷，是黄河水力资源的"富矿"区，也是我国重点开发建设的水电基地之一。

（2）森林资源。2019年，该区域省区森林面积约为575.33万公顷，其中，甘肃森林覆盖率为11.33%，宁夏森林覆盖率为15.2%，分别低于全国平均水平近12个和8个百分点，森林的生态价值十分珍贵。

（3）荒漠生态及水土流失。该区域大部属干旱半干旱地带，生态环境敏感脆弱，草场退化、土地沙化、水土流失等生态问题突出。甘肃中度以上退化的草原面积接近50%，沙化土地面积1192万公顷，沿黄河流域水土流失面积达10.71万平方千米。宁夏被腾格里沙漠、乌兰布和沙漠和毛乌素沙漠包围。近年来，该区域沙化治理成效比较显著。

2. 发展定位

对于这一区域的发展，国家有明确要求，主要是生态修复、水土保持和污染防治，实施河道和滩区综合治理工程，统筹推进黄河两岸堤防、河道控导、滩区治理，推进水资源节约集约利用，统筹推进生态保护修复和环境治理，建设黄河流域生态保护和高质量发展先行区。

3. 社会背景

（1）人口整体情况。据《国家统计公报2020》数据显示，2019

年峡谷段省区总人口为 3342 万人，占上游流域省区的 22.48%。少数民族占比较大，其中宁夏少数民族人口约为全区人口的 38%。

（2）脱贫攻坚情况。该地区属于六盘山连片贫困区，贫困人口总量大、占比高，甘肃、宁夏两省区建档立卡贫困人口分别为 552 万人和 80.3 万人，贫困发生率分别高达 26.5%、12%。该区域建档立卡贫困人口已于 2020 年全部脱贫。

4. 发展基础

（1）经济发展水平。据《中国统计年鉴 2020》，2019 年峡谷段省区国内生产总值为 12466.78 亿元，占全流域省区的 5%；人均国内生产总值为 3.73 万元，相当于全国的 52.5%。

（2）居民可支配收入及结构。甘肃、宁夏两省区都不及全国平均水平，甘肃的差距尤为明显（见表 2）。

表 2　　　　　　　居民人均可支配收入来源（2019 年）　　　　　单位：元/人

地区	可支配收入	工资性收入	经营净收入	财产净收入	转移净收入
全国	30732.8	17186.2	5247.3	2619.1	5680.3
黄河流域	25046.79	13727.39	4713.82	1445.99	5159.59
甘肃	19139.0	10705.2	3551.7	1139.3	3742.8
宁夏	24411.9	14887.5	4198.0	944.0	4382.4

资料来源：国家统计局编《中国统计年鉴 2020》，中国统计出版社。

5. 主导产业

（1）从产业结构来看。与全国平均水平相比，甘肃的第一产业占比（12.05%）高出近 6 个百分点，宁夏（7.47%）略高；甘肃的第二产业占比（32.83%）低 5 个百分点，宁夏（42.28%）高出 3 个百分点；甘肃的第三产业占比（55.12%）高出 2 个百分点，宁夏（50.26）低 3 个百分点。

（2）从特色行业看。依托丰富的清洁能源资源、陆上丝绸之路必经之道和多元化旅游资源，该区域可再生能源、物流、大数据、旅游等产业呈现快速发展态势。该区域是我国黄河上游水电开发重要基地，已经建设了龙羊峡、刘家峡等 20 余座水电站，具有发电、防洪、灌溉、供水、养殖、航运、旅游等多种功能。光伏、风能等新能源形成较大规模得益于电网建设和平价风电示范项目推进，弃风弃光率由 2016 年最高的 43% 和 30% 下降到目前的 7.6% 和 4.3%，逐步迈入良性循环发展轨道。兰州新区国际互联网数据专用通道、金昌紫金云大数据中心、庆阳华为云计算大数据中心等项目建成投运。

（三）冲积平原段

1. 自然资源概况

黄河出青铜峡后所经区域大部分为荒漠和荒漠草原，基本无支流注入，干流河床平缓，水流缓慢，两岸有大片冲积平原。

（1）水资源。宁蒙河段属干旱半干旱地带，水资源短缺，86% 的区域年降水量在 300 毫米以下，生态相对脆弱。段内有宁夏和内蒙古河套两大灌区，其中河套灌区 80 万公顷，宁夏灌区大约 40 万公顷，用水量很大。

（2）草原资源及荒漠化状况。流域内蒙古段草地面积达 1778.32 万公顷，宁夏段草地面积达 209.95 万公顷，但植被盖度和产草量相对较低。黄河冲积平原周边分布着腾格里、乌兰布和、库布齐、毛乌素四大沙漠。

2. 功能定位

该区域是生态脆弱区和水资源受限区，但也是传统工业和农牧业集聚区。因此，其发展要坚持生态优先、绿色发展，在集中集聚集约上找出路，加强草原保护，强化土地沙化荒漠化防治工作，保护好生态环境，筑牢我国北方重要生态安全屏障。

3. 社会背景

（1）人口整体情况。《国家统计公报 2020》数据显示，2019 年宁夏、内蒙古两个自治区实际涉及流域人口 1624.45 万人。其中，宁夏流域实际涉及 4 市 10 个县 354.45 万人口，内蒙古流域实际涉及 7 个盟市 51 个旗县 1270 万人口。

（2）脱贫攻坚情况。内蒙古沿黄流域涉及的 21 个贫困旗县，建档立卡贫困人口 37 万人（占全区贫困人口的 32.5%）。该区域建档立卡贫困旗县已于 2020 年全部脱贫摘帽。

4. 发展基础

（1）经济发展水平。据《中国统计年鉴 2020》，2019 年冲积平原段省区国内生产总值为 20961 亿元。内蒙古沿黄生态经济带的 7 个盟市地区生产总值占全区的 67.6%，社会消费品零售总额占全区总量的 64.39%，发展水平整体超过全区平均水平。全区 75% 的发电量、80% 的钢和 50% 的有色金属均生产于此，该区域集聚了绝大部分煤化工、装备制造、农畜产品加工等产业。宁夏的沿黄地区更是全区的先进区，主要经济产出和主导产业均集中于此。

（2）居民可支配收入及结构。该区域居民生活相对较为富裕（见表 3）。宁夏黄河流域是宁夏经济社会发展的重心，内蒙古 5 个盟市全体居民人均可支配收入、城镇居民可支配收入、农牧民可支配收入均超过全自治区平均水平。

表 3　　　　　　　居民人均可支配收入来源（2019 年）　　　　　单位：元/人

地　区	可支配收入	工资性收入	经营净收入	财产净收入	转移净收入
全　国	30732.8	17186.2	5247.3	2619.1	5680.3
黄河流域	25046.79	13727.39	4713.82	1445.99	5159.59
内蒙古	30555.0	15922.2	7994.2	1613.8	5024.9

资料来源：国家统计局编《中国统计年鉴 2020》，中国统计出版社。

5. 主导产业

（1）产业结构。鉴于宁夏相关产业在峡谷段已作分析，该部分只分析内蒙古段情况。2019 年，全区三次产业比例为 10.8：39.6：49.6，人均生产总值67852 元，比上年增长5.0%。与全国平均水平相比，第一产业高出近4 个百分点，第二产业基本持平，第三产业低4 个百分点以上。

（2）特色产业。一是农畜产业。宁蒙银川平原、河套平原地势平坦、土壤肥沃、引水方便，盛产小麦、水稻、玉米、高粱、甜菜、葵花籽等作物，是中国西北地区重要的商品粮基地。贺兰山草场辽阔，是宁夏滩羊产区。内蒙古是中国绒山羊数量最多、产绒量最高的产区，约占世界羊绒产量的1/3。二是传统工业。该区域工业依托当地丰富的能源资源，形成了规模效应和特色优势。宁夏现代煤化工、新能源、装备制造等门类比较齐全，形成了一定规模和技术水平的现代工业体系，涌现出国能宁煤、吴忠仪表等一批行业领先的骨干企业，建成了世界单套装置规模最大的400 万吨煤制油项目。内蒙古的工业体系自成一体，形成了能源、化学、冶金建材、装备制造、农畜产品加工、高新技术业六大支柱产业。能源工业以鄂尔多斯为主，2019 年原煤、发电量分别占全区的 51%、21%。冶金工业铝、钢材以包头为主，铜、铅、锌以巴彦淖尔为中心。现代煤化工、氯碱化工以鄂尔多斯、包头、乌海、阿拉善为支撑。鄂尔多斯、呼和浩特、乌兰察布发展农畜产品加工业，鄂尔多斯羊绒制品年产销量占据国内40% 和世界30% 的市场份额。三是新兴产业。包头的稀土新材料及应用水平较高，稀土原材料就地转化率达到75%；乌兰察布、包头的石墨（烯）新材料，呼和浩特的光伏组件产业布局，也形成了规模优势。全区大数据产业7 个大数据园区有5 个布局在沿黄地区。

二、黄河上游地区生态保护和高质量发展面临的问题

（一）共性因素分析

1. 生态保护修复任务繁重

黄河上游河段长度占全河的 63.5%，流域面积占全河的 51.3%，地貌涵盖山岭、草地、高原、平原，东西高差悬殊，气候差异显著，地质构造复杂。青藏高原地区草地湿地退化问题凸显，植被恢复难度大。黄土高原地区土质疏松贫瘠，沙漠化和水土流失问题并存。生物多样性减少，生态系统失衡。高消耗、高排放和资源型"两高一资"的工业加大了水污染、大气污染和土壤污染的防治难度。流域上下游间、省区间流域协同机制尚未建立。

2. 水资源供需矛盾突出

黄河上游地区自然降水不足，受气候变化和人类活动的影响，水资源、水环境、水生态、水安全问题相互交织。经济社会发展布局与水资源不匹配，水资源刚性需求增长与用水总量"红线"约束并存，资源性、工程性、水质性缺水问题比较严重，生态用水被挤占现象较为普遍。流域内水过度开发严重，水资源利用粗放，节水措施还远远不够。

3. 社会发展和治理压力大

黄河上游地区是我国贫困人口相对集中区域，也是多民族聚居的区域，区域之间发展差异大。经济发展基础薄弱，民生事业水平较低，社会治理体系尚未健全，经济发展、民生改善和生态保护之间的矛盾比较突出，人民生产生活方式与生态环境冲突性较大，公众保护生态环境的意识不强。流域内各省区共建共治共享的机制尚未建立，社会

组织参与治理的渠道不畅通。

4. 高质量发展基础薄弱

黄河上游地区经济实力相对较弱，经济结构不优，教育科技支撑薄弱，基础设施和公共服务设施建设滞后，转型发展的压力很大：一方面，环境承载力限制着传统产业的发展以及城镇化发展水平的快速提升；另一方面，科技、金融、人才等高端要素缺乏，现代产业的发展路子并不宽，内生动力并不强。各区域推动经济发展的能力整体不强，体制障碍和机制不活问题突出，发展环境有待进一步优化。

5. 经济对外开放度不足

黄河上游地区远离中心市场，交通基础设施普遍落后，对内、对外通道不畅的问题比较突出，高速铁路等跨省域交通主干线规划建设进度缓慢，不利于区域间资源要素的低成本流动，也影响了区域外部资源要素的集聚。缺乏辐射带动能力强的中心城市，城市间联系不密切，地区间产业关联度低。开放主体培育不足，进出口产品结构单一，外贸规模增长受限。

（二）个性因素分析

1. 河源地区

生态本底十分脆弱，植被退化、湿地萎缩压力始终存在。干支流防灾减灾设施体系尚不完善，部分县城和乡镇尚未达到规定的防洪标准，农村水系尚未开展系统治理，中小河流治理、病险水库除险加固等有待进一步加强。流域内适宜发展和居住的空间严重不足，国土空间开发强度和效率偏低，发展的基础支撑较弱。地方政府财力有限，多元化投入机制尚未形成，无法支撑生态保护和高质量发展。

2. 峡谷地区

地处季风气候与非季风气候、半湿润与半干旱的交界处，植被覆盖率低，水土保持能力弱，河流自净能力不足。长期不合理的生产生活方式，导致区域退化、沙化，水污染严重，工业、城镇生活、农业面源以及尾矿库等四类污染源，都不同程度存在，有的还比较突出。经济发展水平较低，科技创新支撑薄弱，产业转型升级的压力大。

3. 冲积平原地区

该地区是我国重要的农牧业生产基地，也是能源化工产业的基地，但受到生态承载、气候、水资源的限制，尤其是随着城市化和工业化快速推进，城市用地、工业用地与农业用地用水之间的矛盾日趋尖锐。

（三）政策因素分析

1. 生态价值评估体系和实现机制缺失

自然资源资产产权制度亟待健全，生态产品的边界不够清晰，统一的价值核算标准体系尚未形成，生态产品评估和价值难以精准计算，生态产品的调查、统计和监测体系还不健全，数据的完整性、精确性和及时性都有待提高。同时，上游地区生态公共产品价值实现的方式还是以政府手段为主，基于环境产权的交易机制和基于生态溢价的市场机制尚未形成。反映生态产品质量的价格机制还不成熟，统一的生态产权交易市场体系尚未形成。

2. 横向生态补偿机制不完善

现阶段补偿主要依靠中央纵向投入，地方配套能力弱，市场化补偿机制不完善，地区之间、流域上下游协商的生态补偿机制尚未建立。森林、草原补偿标准总体偏低，生态补偿金缴费基数标准需进一步优化，生态建设投入与生态补偿获得之间存在明显失衡。补偿基本实行统一的补偿标准，未体现出自然地理环境、生态区位、经济社会发展水平的差异性。

3. 区域发展政策机制不健全

投资政策上，对于上游地区基础设施短板之痛还不够重视，交通、水利等项目安排和投资力度都不足，既缺少骨干网和节点的体系支撑，也缺乏毛细血管的纵深渗透。产业政策上，生产力布局限制的多、鼓励的少，在体现上游地区的比较优势和特色优势方面，针对性不强，支持力度不够。区域协调发展政策上，统筹上游地区缩小发展差距的制度性安排还不够系统，缺乏常态化和长效化。社会政策上，公共产品的供给明显不足。

三、黄河上游地区基于主体功能的发展模式和路径

黄河上游地区幅员广阔，横跨青藏高原、黄土高原、河套平原等不同地域环境，流域内不同区域基于不同的资源环境承载能力、现有开发强度和未来发展潜力，可分为禁止开发区域、限制开发区域、优化开发区域和重点开发区域。因此，黄河上游地区各流域段要根据各自的资源禀赋、发展程度和潜力空间选择不同的发展模式和路径。

（一）河源段发展模式

河源段所处的青藏高原，是全球生态系统的调节器，也是我国重要的生态安全屏障。该区域大部分属于重点生态功能区，应以"三生"（生态保护、生态经济、生态惠民）发展模式为主，严格控制国土开发强度，严控开发建设活动对生态空间的挤占，合理避让生态环

境敏感和脆弱区域。"三生"之间，生态保护是前提，生态经济是支撑，生态惠民是目的。

生态保护是指坚持以保护三江源和中华水塔为首要任务，认真践行绿水青山就是金山银山的理念，推进三江源、祁连山和若尔盖国家公园建设，聚焦长江黄河国家战略，抓好重点举措落实，创新生态环境管理机制，推进实施生态环境保护项目，推动生态环境质量持续改善，打造全球高海拔地带重要的湿地生态系统和生物栖息地，确保"一江清水向东流"。

生态经济是指在生态系统承载能力范围内，在保护生态的前提下，实行点状开发策略，运用生态经济学原理和系统工程方法改变生产和消费方式，合理利用本地的优势资源，发展一些体现特色、持续长久的产业，大力发展牦牛、藏羊、浆果、冷水鱼、油菜等绿色有机农畜产品。在城镇化中充分结合乡村振兴战略，创造体制合理、人文浓郁、生态健康、景观适宜的环境，依托国家公园和自然保护区开展特许经营旅游。

生态惠民即在推进生态保护、发展生态经济的同时，发挥财政转移支付、生态奖补、公益岗位等政策性手段，大力推进河源段基础设施建设和基本公共服务均等化，发放禁牧补贴、草畜平衡补贴等各类补贴，设置公益性岗位吸纳当地群众参与生态保护，构建起"社会成员广泛参与、人与自然共赢发展"的新型模式。

（二）峡谷段发展模式

根据国家主体功能定位，该区域是全国重要的循环经济示范区，新能源和水电、盐化工、石化、有色金属和特色农产品加工产业基地，故以"三绿"（绿色资源、绿色产业、绿色消费）发展模式为主。三者之间，绿色资源是基础，绿色产业是关键，绿色消费是导向。

挖掘绿色资源。一是科学开发水电资源，以减轻下游防洪防凌压力、保障流域水生态安全和经济社会可持续发展，为黄河连续不断流和沿黄工农业发展作出贡献。二是统筹利用附属资源，开发黄河干支流生态养殖、航运、旅游等资源，实施重大调水工程，支撑兰西城市群经济社会发展。三是深入挖掘绿色资源，推进建设黄河上游生态经济走廊建设，构建全国防沙治沙示范屏障和黄河湿地生态带。

发展绿色产业。基于丰富的绿色资源，且部分流域河水清澈、局部气候较好等条件，可着重从以下几方面推进绿色产业发展：一是持续打造水光风储多能互补的清洁能源基地，注重打造绿色发展产业链，实现清洁能源集约化、规模化的高质量开发。二是充分挖掘峡谷段充足的黄河水资源以及两岸荒漠化山地资源，部署分布式光伏、风能电站，与抽水蓄能电站相结合，建设黄河梯级储能工厂。三是发展生态旅游、生态养殖、航运等绿色产业，使峡谷段流域群众能够实现从单一的农业种植向生态旅游、水产品养殖等绿色发展的转变。

推动绿色消费。充分把握碳达峰碳中和达标带来的外部机遇，适应可持续性、代际公平性、全程关联性的绿色消费特征，推动产业结构、技术结构、产品结构的调整，促进经济转型升级，大力发展清洁能源，着力打造并保持全国清洁能源价格洼地优势，建设国家重要的新型能源产业基地，同时探索建立健全黄河水权交易市场，以促进域外绿色消费带动区域发展。

（三）冲积平原段发展模式

此段流域属于地域平坦、人口密集、城市聚集区，系国家主体功能区规划中的重点开发区域，其功能定位为：支撑全国经济增长的重要增长极，落实区域发展总体战略、促进区域协调发展的重要支撑点，全国重要的人口和经济密集区。水资源和环境承载力是该区域发展的最大障碍，决定了必须走集聚集约发展道路，应以"三聚"（聚集人口、聚集产业、聚集城市）发展模式和路径为主。三者之间，人口集聚是依托，产业集聚是路径，要素集聚是抓手。

聚集人口促发展。一是对流域水资源实行科学规划，合理规划沿岸人口布局，坚持"以水定城、以水定地、以水定人、以水定产"的发展原则，以人口聚集推动区域和产业高质量发展。二是完善城市基础设施和公共服务，进一步提高城市的人口承载能力，城市规划和建设应预留吸纳外来人口的空间。三是提升城市人口和产业集聚能力，增强辐射带动作用，促进区域一体化发展。

聚集产业促发展。利用地势平坦、交通便捷等优势，推进优势产业聚集发展。一是增强农业发展能力，加强优质粮食生产基地建设，稳定粮食生产能力。二是发展新兴产业，运用高新技术改造传统产业，全面加快发展服务业，增强产业配套能力，促进产业集群发展。三是合理开发并有效保护能源和矿产资源，将资源优势转化为经济优势。四是依托资源优势，促进特色优势产业升级，增强辐射带动能力。五是统筹传统产业布局，促进产业互补和产业延伸，实现区域内产业错位发展。

聚集城市促发展。一是将冲积平原段区域作为一个整体，充分挖掘和利用好黄河通道，统筹规划建设交通、能源、水利、通信、环保、防灾等基础设施，构建完善、高效、区域一体、城乡统筹的基础设施网络。二是扩大冲积平原段中心城市规模，推动辐射带动力作用，发展壮大其他节点城市。三是加强区域内各城市产业分工和功能互补，推动形成分工协作、优势互补、集约高效的城市群。

四、黄河上游地区生态保护和高质量发展政策建议

（一）共性问题对策建议

1. 完善政策体系，打通"绿水青山"向"金山银山"转化的制度通道

建立系统化制度体系是促进"绿水青山"向"金山银山"转化的保障条件。一是建立健全相应法律法规体系。建立全流域生态补偿机制，对转化产品的内涵类型、价值核算机制、实现途径等内容进行规定，因地制宜制定转化产品实现的区域实施细则，修改配套法律法规和相关政策。二是建立健全市场保障机制。建立自然资源资产产权制度、用途管制制度、生态资源有偿使用机制、生态资源价格形成机制、生态产品认证机制、生态产品价值核算机制、生态市场交易机制。三是建立健全生态保护机制。建立起一套源头严管、过程严控、结果严惩的生态环境保护机制。严格产业准入，建立"三位一体"（空间准入、总量准入、项目准入）、"两评结合"（专家评价、公众评价）环境准入制度。四是完善绩效评价考核和责任追究制度。实施常态化制度化管控，严格执行《党政领导干部生态环境损害责任追究办法（执行）》《领导干部自然资源资产离任审计规定（试行）》等，强化管理者对生态产品保护的过程介入。五是建立多渠道、多层次、多元化的外部支持制度。激励对黄河流域生态环境产生正外部性的经济活动或行为，如建立黄河流域跨行政区生态补偿制度，并探索包括技术补偿、异地开发补偿等补偿形式，帮助流域上游地区发展环境友好型产业。又比如对上游地区生态产业给予税收、用地、用能等支持政策，引导各类投资主体积极参与生态环境建设和生态经济项目开发。

2. 强化生态保护，巩固国家生态安全屏障

黄河上游地区是我国重要的生态安全屏障，生态保护和高质量发展是重大国家战略。一要是坚持生态优先、协同推进。把保护流域生态环境、提升水源涵养能力作为首要任务，具体明确流域各区域功能定位，分区分类推进保护和治理。牢固树立全流域生态系统保护一盘棋思想，加快创新水资源保护和开发利用机制，打破条块分割管理格局，构建流域大保护大治理大利用的多方协同工作机制。二要是坚持统筹谋划、综合治理。以全面保障黄河水安全为目标，统筹实施山水林田湖草一体化生态保护和修复。实行最严格的水生态保护和水污染防治制度，实施水生态、水资源、水环境、水灾害"四水同治"，落实河湖长制，抓好黄河干支流和重要排水沟、城市黑臭水体整治，严管严控重点工业污染源，完善水沙调控机制。三要坚持量水而行、科学用水。坚持以水定城、以水定地、以水定人、以水定产，推动人口、城市和产业科学有序发展，从源头上为黄河减负。统筹开源节流并举，科学配置水资源，大力发展节水产业和技术，深化用水制度改革，完善水权交易机制，加快节水型社会建设，推动用水方式向节约高效转变。

3. 推动绿色发展，打造壮大主导产业

经济欠发达是黄河上游地区的短板，因地制宜构建和壮大主导产业，是实现高质量发展、促进生态保护的基础支撑。一是共建产业体系。强化绿色发展的政策导向，充分发挥流域各地区比较优势，以推动产业生态化、生态产业化为重点，大力发展生态农牧、清洁能源、节能环保、生物医药、生态旅游、高原康养等绿色产业，加快传统产业绿色化改造，培育壮大一批产业链供应链关联度高、竞争力强的现代产业集群，打造富有区域特色和竞争优势、绿色低碳循环的现代产

业体系。二是加强协调联动。科学确立各地区推进产业发展的重点，加快深化上游地区重大规划和制度创新协调联动，构建跨区域产业转型升级和绿色发展协调机制，防止污染产业向源头地区转移，协同推进产业转型升级和绿色发展，建立差异化产能合作互动格局。三是加快科技创新。调动域内外科研力量，发挥企业的创新主体作用，加大对黄河上游地区生态保护和绿色发展方面重大问题的共同研究力度。建立区域创新平台，建设黄河上游生态保护、新能源研究等重点实验室。加强产学研用协同创新，围绕创新链部署产业链，实施重大产业创新工程，构建关键核心技术共创共享机制。

4. 发挥区位优势，构筑开放合作新高地

坚持把深度参与共建"一带一路"作为黄河上游地区开放发展的战略重心，着力拓展全方位扩大开放的战略空间和发展潜力，加快构建内外兼顾、陆海联动、东西互济、多向并进的新时代开放新格局。一是协同共建"一带一路"。立足黄河上游地区城市连通丝绸之路经济带的区位优势和枢纽功能，合作共建西部陆海新通道，构建面向中亚、西亚、南亚的国际物流及贸易大通道。围绕各省区生态农牧、新能源、新材料、特色轻工、文化旅游等产业优势，积极与中亚、西亚、中东及东欧国家开展合作，加强产业对接和市场开拓。二是大力搭建开放平台。高水平、高标准推进各省区自由贸易试验区建设，赋予更大自主权，提升各省区外向型经济发展水平。加强与周边经济区和城市群的协同联动，打造上游区域国际化对外开放平台，积极争取共同举办具有国家影响力的展会赛事、大型节会等。三是持续加强交流合作。建立上游地区省市长联席会议制度，明确区域合作重点，确定区域合作任务，定期和不定期协商解决区域内重大问题，积极推进交通、能源、生态、人才、投资等方面合作。结合加强对内对外通道建设，引导流域内区域间分工协作和联动发展，推进共建一批省级产业合作示范区，共建国家级产业转移示范区。

5. 统筹城乡发展，增强城市增长极带动功能

黄河上游整体上地广人稀，城市规模和能级不够，城市间相距较远。一是强化辐射带动。当前，中心城市与城市群已成为承载发展要素的主要空间形式。黄河"几"字弯都市圈、兰西城市群应不断优化城乡体系，提升各地区省会城市的集聚水平和辐射能力，同时加强区域中心城市、副中心城市建设，以新城、新区建设强化中心城市主城区对毗邻县市的带动作用，拓宽中心城市的发展空间，建立起以中心城市引领城市群发展、以城市群带动区域发展的模式。二是实现协同发展。注重调动各省份各地区协调发展的积极性，增强区域、城市、城乡之间的联系，形成协同联动、有机互促的发展格局。中小城市应结合自身发展实际，加快融入临近中心城市引领的都市圈和城市群。三是强化机制平台。加强协调机制建设，建立城市群或都市圈联席会议制度，形成长效工作机制。加强交通、通信等基础设施互联互通，发挥基础设施支撑作用，打破区域壁垒，引导各类要素在空间上的合理配置。加强公共服务均等化建设，努力增加区域公共服务供给，推动基本公共服务在区域内共建共享。建立利益共享机制和成本分担机制，激发各方合作积极性和主动性，实现互利共赢。

6. 挖掘文化内涵，大力发展文化旅游体育产业

黄河上游地区具有历史悠久、资源丰富的文化资源和壮美多样、独特富集的旅游资源，文化旅游大有文章可做。一是加强系统保护。正确处理发展生态旅游和保护生态环境的关系，推进实施黄河文化遗产系统保护工程，开展上游地区文化资源普查，建立黄河文化素材库和大数据平台，摸清文物古迹、非物质文化遗产、古籍文献等重要文

化遗产底数，推动共建根脉相承、各具特色的黄河文化遗产走廊。深化与流域其他省区合作，加强同主题跨区域革命文物系统保护。二是推进文化传承。系统构建黄河文化遗产保护传承战略规划与体制机制，着力打造黄河文化遗产廊道，推进黄河上游国家文化公园建设，推进黄河文化遗产系统保护，建立黄河上游地区传统村落、少数民族特色村镇、传统民居和历史文化名城名镇名村名录，制订整体性保护和修缮计划，对沿黄文化遗产进行全面搜集、科学整理，进行数据化处理，联合开展流域文化遗址遗迹的宣传研究和展示工作。整合文化研究力量，实施黄河文化保护传承专业人才培养工程。三是发展文化产业。依托上游自然景观多样、生态风光原始、民族文化多彩、地域特色鲜明优势，强化区域间资源整合协作，增加高品质旅游服务供给，建设一批呈现黄河文化的标志性旅游目的地，支持青海、四川、甘肃、内蒙古等省区共建国家生态旅游示范区。完善区域旅游合作机制，建立区域文化旅游合作推广机制，组建城市群黄河文化旅游发展联盟。传承各地区各民族多元文化，发展赛马、赛牦牛、射箭、民族式摔跤等民族体育赛事。

7. 提升治理能力，切实优化发展环境

治理体系是高质量发展的重要保障，共建黄河上游地区治理共同体，推动区域统一治理。一是建体系。实现黄河上游高质量发展，应综合考虑经济、政府、社会、文化以及生态等多方面因素，共同推动构建融市场经济一体化治理体系、职责明确的政府治理体系、共建共治共享的社会治理体系、多层次文化治理体系、多元化生态环境治理体系为一体的全方位现代化治理体系。二是强自治。完善群众自治机制，推动建立群众自治组织，发挥群众主观能动性，鼓励多方参与治理，积极探索治理新方式新途径。建立跨区域基层公众参与平台，实现线上线下双向联动，拓宽基层群众参与渠道。三是建平台。搭建黄河流域协同信息平台，动态反映流域环境质量、水文、污染源清单、水域岸线管理运行等方面情况，形成多要素、多介质动态监控和全覆盖、高精度、反应迅速的立体化监控网络，实现流域管理部门之间信息资源共享互通。四是硬执法。建立生态环保联合执法机制，遏制对黄河流域生态环境造成污染的经济活动或行为并加大处罚力度，提高其违法违规成本。明确并强化上游地区内各层级行政区域的生态环境治理责任。

8. 增进民生福祉，夯实转型发展的社会基础

黄河上游多民族聚集，是我国贫困人口相对集中的地区，普遍存在发展不平衡不充分问题，经济社会发展相对滞后，民生问题依然十分突出，需下大力气解决。一是增强内生发展动力。建立长效持续扶贫机制，推进脱贫与乡村振兴有机衔接，促进产业减贫、教育减贫、文化减贫、绿色减贫，实施相对贫困地区特色产业提质增效行动，补齐发展短板。加强新型城镇化建设，支持建设改善基础设施和公共服务设施，加快农牧民转移人口市民化进程，推动生态地区宜居搬迁、生态搬迁等工程。二是促进教育均衡共享。推进城乡义务教育一体化发展，实施教育教师振兴行动计划和乡村优秀青年教师培养奖励计划，解决教育教师结构性、阶段性、区域性失衡问题。同时，建立教育资源互通、共享的区域性协作机制。三是健全医疗卫生体系。坚持预防为主、防治协同，加快疾病预防控制体系现代化建设，加强各级疾控机构和相关生物安全实验室建设，提升地方病、寄生虫病、传染病检验检测能力，加强公共卫生事件应急应对机制。实施"互联网＋医疗健康"工程，加强与发达地区医疗合作，建立远程医疗服务体系。四是提高社会保障能力。完善公共就业服务体系，加快公共就业

创业服务平台建设，实施高校毕业生就业创业促进、基层成长、就业见习计划等专项行动，吸引高校毕业生投身黄河流域生态、环保、农林、水利、文化等事业。建立统一、高效、兼容、安全的社会保障管理信息系统，实现跨省异地就医二级以上医院直接结算。完善城乡低保制度，建立城乡统一的社会救助制度。完善养老服务、特殊群体救助等制度。支持社会公益性组织建设，加快发展公益慈善事业。

（二）差异性问题对策建议

1. 河源地区

青海作为黄河源头区、干流区，每年源源不断地向下游输送洁净水源，做好水源涵养和治理工作，对黄河流域生态保护和高质量发展具有基础战略支撑作用。扎实推进国家公园建设。全面启动三江源国家公园正式设园工作，高标准建好三江源国家公园，加快设立祁连山国家公园，积极推进其他国家公园创设工作，开展国家草原自然公园创设试点。探索建立自然保护地分类指标体系和标准，建立分类科学、布局合理的自然保护地体系，制定自然保护地整合优化办法，加快推进国家公园地方立法，出台国家公园建设规范标准，建设全国国家公园标杆。统筹推进山水林田湖草系统保护和修复，加强祁连山冰川与水源涵养区系统保护，加强黑河、疏勒河、湟水河等流域源头区整体性保护，科学实施固沙治沙防沙工程，稳固水源涵养能力。大力发展绿色有机农牧业。充分挖掘特色农牧业资源优势和发展潜力，贯彻创新驱动发展战略，强化绿色发展的政策导向，构建绿色低碳循环发展经济体系，构建体现本地特色的产业体系。支持青海、川西北发展绿色有机农畜业，打造全国最大的有机牦牛、藏羊养殖基地。适度发展沿黄冷水鱼绿色养殖发展带，打造全国最大的冷水鱼生产基地。大力建设高标准农田，开展绿色循环高效农业试点示范，高水平推进河湟谷地粮油种植和节水型设施农业发展，提升保障粮食安全能力。实施品牌强农行动，打造区域品牌。全面加强文化示范基地建设。加快国家级热贡文化、格萨尔文化、藏羌文化实验区建设，建设撒拉族、土族等民族文化生态保护区，加强重点文化遗址保护和修复。建设长城、长征国家文化公园，传承弘扬红色文化，推进长征、原子城等红色文化遗迹保护以及教育基地建设。加强河湟文化遗产数字化保护，丰富黄河流域历史文化。

2. 峡谷地区

建设可再生能源基地。以平价方式推动新能源开发建设，促进风光电无补贴市场化发展，继续加快甘肃河西清洁能源基地建设，持续壮大青海海南、海西可再生能源基地规模，推进特高压通道建设，完善西北智能电网体系。重启玛尔挡水电站建设，改扩建拉西瓦、李家峡水电站。挖掘黄河上游梯级水库储能潜力，推进抽水蓄能电站、储能工厂建设，建设黄河上游水电储能工厂，大幅提高系统调峰能力。推进清洁能源多元化，开展内陆核电建设示范，建设制氢工程示范和产业化应用试点，深化干热岩、地热等清洁能源研究开发利用。不断提升碳汇能力，制定实施碳达峰方案并开展达峰行动，积极参与全国碳市场建设，推进排污权、用能权、碳排放权市场化交易。发展能源产业链。持续汇聚清洁能源发展势能，构建清洁低碳高效能源生产及供应体系，贯通新能源装备制造、发电、输送、储能、消纳于一体的全产业链，打造国家清洁能源产业高地。加快光电核心技术研发，培育一批全国领先的高效光伏制造企业，打造光伏、风电、储能上下游产业链及产业集群。鼓励分布式可再生能源推广应用，挖掘电网接纳可再生能源潜力，支持更多可再生能源发电项目中规划配置储能系统。加快推进可再生能源制氢项目，布局建设氢燃料电池、整车及零部件配套产业链，构建集生产、研发、应用、服务于一体的全产业发展体系。实行能源总量和强度"双控"，推广清洁生产和循环经济，合理布局一批电解铝、钢铁、铁合金等高载能产业以及大数据中心和计算中心。打造特色旅游景区。充分发挥峡谷旅游资源优势，串联上游区域内丹霞地貌、峡谷库区、森林公园等雄奇胜景，打造沿黄丹山碧水风光旅游带。实施 A 级景区提档升级计划，高水平推进龙羊峡、青铜峡等重点景区建设，统筹规划一批旅游综合体，加快创建黄河大峡谷 5A 级景区和国家级旅游示范区。构建吃住行游购娱一体化旅游产业链，创新发展"旅游＋"生态、农牧业、体育、康养等新业态。

3. 冲积平原地区

布局先进高载能工业。坚持"减量化、再利用、资源化"，推动重点地区和园区循环化改造，培育和引进一批建链、补链、延链、强链项目，构建低消耗、低排放、高效率、高产出的循环产业集群，推动传统产业高端化、智能化、绿色化发展。支持布局一批对"双循环"新发展格局起重大支撑作用的现代高载能、新材料、智能制造、信息技术等上下游一体化循环发展的高科技、高附加值项目，如多晶硅、新型电池、电制氢等绿色高载能产业。充分发挥数字经济方面的比较优势，建设大数据产业园、数字经济发展展示运行平台，组建数字经济发展集团。推进 5G 网络和智慧广电建设，推广应用物联网、云计算、大数据、区块链、人工智能等新一代信息技术，加快推动产业链数字化改造。发展飞地经济。合理规划生产力布局和调整产业结构，突破地域分割和行政区域限制，加强资源统筹管理，加快发展飞地经济和飞地园区建设，引导不适合在当地发展的工业企业和项目向外转移，同时吸纳上游地区不适宜发展的产业，促进产业集聚集约发展和优化升级，带动上游地区协同发展。打造旅游集散中心。该区域是中华民族的发祥地之一，文化积淀深厚，可以大力发展文化生态旅游，讲好"黄河故事"，建设具有世界意义的黄河文化旅游景观带。利用该地区的区位交通优势，加快建设旅游集散中心和智慧平台，广泛开展上游地区各城市之间的交流和深度合作，打造区域旅游共同体，形成黄河文化旅游全方位合作新格局。

执笔人：孙俊山　陈　昊　王誉颖
李　玥　黄　强　马　龙

专题六

黄河中游地区生态保护和高质量发展研究

　　黄河流域生态保护和高质量发展是重大国家战略，为我国中西部发展描绘了发展路线图。"共同抓好大保护，协同推进大治理"的战略思路，体现了新型区域发展理念，即绿色发展和协调发展理念。目前黄河流域生态脆弱、环境污染严重，这要求必须摆脱传统的粗放式经济增长模式，以绿色发展为内在要求，落实黄河流域生态保护和高质量发展战略。黄河中游是从内蒙古自治区托克托县河口镇至河南省郑州市桃花峪，河长 1206 千米，流域面积 34.4 万平方千米，约占全流域面积的 43.3%。① 黄土高原的核心区域位于其中，该核心区域是黄河流域生态保护的重点区域。

一、黄河中游地区生态环境和经济发展的基本状态

　　黄河中游是我国重要的能源和农牧业生产基地，也是文化资源丰富地区，但存在水土流失严重、生态环境脆弱的现状。

---

　　① 为便于深入分析，本专题对黄河中游地区的研究包含内蒙古、陕西、山西、河南 4 个省区。

（一）地理环境基本状态及主体功能区规划

黄河中游生态环境脆弱、水土流失严重。中游地貌特征空间差异大且支流众多，流域内有平原区、高原区、丘陵区以及沟壑区等多种区域。同时黄河是我国主体功能区战略落实的重要载体，根据全国主体功能区规划以及结合中游的区位特征、生态特征和环境承载能力，对该地区大致进行如下划分：黄河中游的黄土高原大部分区域属于限制开发区域；山西渭河谷地以及陕南汉中地区属于重点开发区域；黄河中游的副省级中心城市和发展已经较成熟的市级中心城市属于优化开发区域，包括西安、太原、郑州等中游的中心城市①。

（二）气候环境基本状态

黄河中游地区处于中纬度地带，主要受到大气环流以及季风环流影响。该地区属于中温带和暖温带半干旱区，气候环境特点是降水从西北向东南逐渐增加，降水主要集中在夏季，并以暴雨的方式为主。中游冬干春旱，夏秋多雨，其中 6 ~ 9 月份的降水量约占全年降水量的70%，盛夏 7 ~ 8 月份的降水最盛，可占全年降水总量的40% 以上；且地区季节差别大，冬冷夏热，四季分明，全年日照百分率大多在50% ~ 75%。同时，该地区风沙较多，据统计，陕北地区多年来平均大风日数在 30 天以上，区域内又有毛乌素沙漠，致使该区域沙暴日数和扬沙日数较多。近年来，随着生态环境的恢复，扬沙和沙暴天气日数有所减少但仍会发生。

（三）水土环境基本状态

位于黄河中游地区的黄土高原是世界上土壤侵蚀最严重的区域之

---

① 郭晗："黄河流域高质量发展中的可持续发展与生态环境保护"，《人文杂志》2020 年第 1 期，第 17 ~ 21 页。

一，该区域水土流失最严重，每年输入黄河泥沙约占总输沙量的90%，黄土侵蚀地貌面积约25万平方千米。农业是该地区主要的经济活动之一，随着人口的增加，农地开垦力度加大导致植被破坏严重、土壤侵蚀强度增大。20世纪50年代，我国就开始对黄土高原进行生态环境治理，经过多年实践，对水土流失的问题研究已取得明显进展，在水土保持理论和治理实践上也取得成效。但由于种种原因，目前黄土高原造林保存率较低，植草保存率更显不足。从20世纪60年代以来的旱作梯田、林草种植和淤地坝建设等大规模生态工程实施到1999年以来的退耕还林还草的开展，使黄河中游下垫面特性发生巨大变化。与此同时，气温升高、降水减少、蒸发特性改变影响到中游产流特性，从而导致水土环境产生变化。

（四）经济发展基本状态

黄河中游地区是我国重要的经济区域之一，包括内蒙古、陕西、山西、河南4个省区。该地区地域辽阔、物产资源丰富，是我国重要的农牧业和能源生产基地。同时，它也是我国农业经济开发的重点区域，是我国冬小麦、棉花、谷物、畜牧业等主要农牧产品的重要产区。畜牧业主要分布在内蒙古中西部和陕北地区，农产品生产主要在中游南部的汾渭盆地和关中平原。黄河中游的矿产资源丰富、品种齐全，煤炭、石油、天然碱等能源的储量在全国举足轻重，特别是煤炭资源尤为丰富，原煤产量多年来占全国总产量的40%以上。该区域是我国重要的煤炭生产基地和以煤炭为原料的电力、化工工业的重要生产基地。2019年，黄河中游4个省区的国内生产总值（GDP）达到114291.6亿元，约占全国GDP的11.5%。

二、黄河中游地区生态保护和高质量发展面临的问题

黄河中游地区的经济发展在很长一段时间内依靠的是农牧业生产和能源开发，长期以来的粗放式经济增长模式大幅降低了区域生态承载能力。水资源严重短缺、水土流失防治形势不容乐观、生态脆弱、区域环境污染严重，这一系列因素都成为黄河中游地区潜在的生态环境风险，并且可能会进一步演化为经济社会风险。黄河中游地区生态保护和高质量发展主要面临以下问题。

（一）经济发展水平差别大

一是经济规模存在巨大差距。黄河中游 4 省区的经济规模差距较大，就 GDP 而言，2019 年河南省的 GDP 为 54259.20 亿元，排名为全国第 5 位；陕西省的 GDP 为 25793.17 亿元，排名为全国第 14 位；而内蒙古自治区和山西省表现相对较差，GDP 分别为 17212.53 亿元、17026.68 亿元，且排名靠后①。河南省的 GDP 超过了山西省的 3 倍，这意味着黄河中游 4 省区的经济差距较大，流域内区域经济发展不平衡。且随着数字经济的发展，4 省区之间的数字经济竞争力存在巨大差异，经济规模差距有进一步扩大的趋势。

二是产业结构低级。经过多年的发展，黄河中游 4 省区正在逐渐向多产业支撑型转变，但目前产业结构仍较为低级，广大地区仍以农牧业和能源化工业为主，整体产业发展层次较低，且能源开采等众多行业将面临可持续性危机，由此导致产业结构优化升级困难。加之由

---

① 国家统计局。

于国内的环境规制力度不断加大，众多能源型行业和高能耗行业急需转型升级。目前国内的数字经济呈现蓬勃发展态势，但黄河中游4省区数字经济产业（互联网产业、人工智能产业和大数据产业等）发展不足，在2019年我国区域数字经济竞争力排名中，河南省和陕西省的排名分别为第13、14位，内蒙古自治区和山西省的排名处于更靠后的位置，这与发达省份存在巨大差距①。

（二）与水相关问题

一是水资源供需矛盾。黄河的水资源总量有限并且人均占有量偏低，黄河水资源总量不到长江的7%，人均占有量仅为全国平均水平的27%②。水资源匮乏将会是黄河中游地区生态保护和高质量发展进程中的常态。随着呼包鄂榆城市群、太原城市群、中原城市群、关中平原城市群等城市群的新型城镇化进程加快和工业化发展提速，用水需求还会继续增长，未来所面临的水资源短缺的压力会持续增大。同时该地区还存在水资源利用粗放、工农业用水效率低等问题，尚未实现水资源节约集约利用。在水资源总量供需矛盾问题突出的背景下，中游地区的生态用水占比就显得更为不足。在2020年黄河中游4省区的用水结构中，农田总量占比高达68.4%，工业用水总量占比达到9.7%，生活用水总量占比达到9.4%，而生态用水总量占比仅为12.9%③。由此可见，黄河中游地区工农业用水和居民生活用水对生态用水造成挤压，导致流域内生态修复能力不足，进而对生态保护和

---

① 《中国区域与城市数字经济发展报告》（2020年）。
② 习近平："在黄河流域生态保护和高质量发展座谈会上的讲话"，《求是》2019年第20期，第1~5页。
③ 《黄河水资源公报2020》。

高质量发展产生巨大影响。

二是水土流失。黄河多年平均输沙量达到 16 亿吨，位列世界第 1 位，绝大多数泥沙来自黄土高原核心地区，该区域每年输入黄河泥沙约占总输沙量的 90%。黄土高原地区植被恢复、生态建设及投资力度等中长期规划的体制机制仍有待完善①，随着黄河中游地区新型城镇化进程加快和工业化发展提速，人为水土流失防治任务更加艰巨，不利于该区域水沙治理成效巩固甚至进一步威胁到生态承载能力，因此可能会导致未来治理难度更大。

三是水环境污染。传统粗放式的经济增长方式给黄河中游带来了严重的生态环境污染，且由于该区域植被覆盖率低、生态环境脆弱，导致生态治理难度增加。并且由于陕北重工业区域污染物的扩散转移给周边区域乃至中下游造成严重的生态环境污染溢出效应，加强了环境污染的负外部性②。同时，较低水平的环境规制会导致资源开采与土地财政扩张，也会加剧环境污染效应③。《2019 中国生态环境状况公报》显示，在黄河流域监测的 137 个水质断面中，Ⅰ～Ⅲ类水质断面占 73.0%，比 2018 年上升 6.6 个百分点；劣Ⅴ类占 8.8%，比 2018 年下降 3.6 个百分点，但仍在全国平均水平之上。其中，干流水质为优，主要支流为轻度污染，主要污染指标为氨氮、化学需氧量和总磷，黄河流域整体仍属于轻度污染。

---

① 赵东晓、蔡建勤、土小宁等："黄土高原水土保持植被建设问题及建议"，《中国水土保持》2020 年第 5 期，第 7～9、19 页。

② 李国平、郭江："能源资源富集区生态环境治理问题研究"，《中国人口·资源与环境》2013 年第 23 卷第 7 期，第 42～48 页。

③ 李斌、李拓："环境规制、土地财政与环境污染——基于中国式分权的博弈分析与实证检验"，《财经论丛》2015 年第 1 期，第 99～106 页。

（三）流域治理机制不完善

一是"九龙治水"乱象难以在短时间内彻底消除。我国流域管理和行政区域管理相结合的体制在理论上能够实现资源的高效管理，但在实际运行中往往会出现条块分割的问题和"九龙治水"乱象，导致管理效果不佳。胡鞍钢和王亚华[①]在黄河水利委员会的调查中表明在流域治理中干部评价最大的矛盾是部门冲突，其次为沿黄省区之间的矛盾。在黄河流域治理的过程中，沿黄省区之间的矛盾突出，导致协调治理受限，难以实现系统管理。并且沿黄省区服从黄河水利委员会管理的程度不高，黄河水利委员会的作用受限。2020 年初，水利部成立了推进黄河流域生态保护和高质量发展工作领导小组，但其和地方领导小组在工作中是否会出现黄河水利委员会和沿黄省区共同管理过程中出现的类似问题还不得而知。

二是公众参与治理不足。公众参与公共资源治理，既是公民应有的权利，也是实现环境治理的重要途径之一[②]。近年来我国开始重视公众参与对区域治理的作用，自 2019 年起实行生态环境部发布的《环境影响评价公众参与办法》，体现了新时代政府对公众参与环境治理的重视。但由于当前参与机制不完善，并且公众缺乏经验，导致实际运行中出现许多问题。社会公众参与的不足与流域管理机构是一个封闭系统有关，管理机构关注自身与社会的联系较少。同时也与地方政府在流域治理中未能保障公众知情权、参与权以及建议权等有关。在这种条件下，公众参与的范围和深度都会受到限制，导致政府和公众

---

① 胡鞍钢、王亚华："如何看待黄河断流与流域水治理——黄河水利委员会调研报告"，《中国科学院——清华大学国情研究中心》，见《国情报告》（第五卷）2002 年（上），清华大学国情研究中心，2012 年第 116～137 页。

② 秦书生、王艳燕："建立和完善中国特色的环境治理体系体制机制"，《西南大学学报（社会科学版）》2019 年第 45 卷第 2 期，第 13～22、195 页。

之间协同乏力，公众参与治理不足。同时，公众参与治理不足也与民众对政府的依赖有关，部分民众缺乏主动向政府部门反映环境污染突出问题的意识，亟须加强对公众积极参与流域治理的思想教育，提高公民的权利意识。

（四）提升发展质量的局限性

一是保护与发展之间的矛盾。黄河中游地区经济发展在很长一段时间内主要依靠的是高能耗产业，目前该区域部分地区经济发展仍以化工、低端制造等行业为主，这与生态保护产生了较大的冲突，导致生态空间被挤占、生态系统质量偏低，工业园区尤其对附近的耕地、空气和水环境产生较大的威胁，给生态环境带来较大的压力。同时，黄河中游地区的众多贫困县刚刚脱贫摘帽不久，要巩固脱贫攻坚成果，必然会给生态保护带来潜在压力。

二是改革动力不足。黄河中游地区目前存在产学研融合不足的问题，主要体现在企业与创新主体合作不足，进而导致创新力度不高，因此亟须完善企业与创新主体的合作机制。与此同时，中游 4 省区的研发投入力度不够，科研投入规模偏低，以 2019 年地方财政研究与试验发展（R&D）支出为例，河南省为 211.07 亿元，而陕西省、山西省与内蒙古自治区分别为 71.38 亿元、57.72 亿元和 28.49 亿元①，与发达省份存在着巨大差距。并且人才引进与培养机制不完善，缺少对高质量人才的吸引力以及缺乏创新型人才。

---

① 国家统计局。

三、黄河中游地区生态保护和高质量发展的战略思路

分析黄河中游地区生态保护和高质量发展的基本状态和存在问题，发现中游的生态保护和发展具有一定的特殊性和复杂性。因此需要从流域治理的整体层面入手，统筹经济发展与生态保护，从"共同抓好大保护、协同推进大治理"的战略思路出发，构建黄河中游地区生态保护和高质量发展的战略思路。

（一）推进绿色发展

绿色发展是实现黄河中游地区生态保护和高质量发展的必然要求，并提供强大动力。一是构建环境保护机制。建立黄河中游地区生态保护机制，首先要求政府要完善环境保护相关法律法规，重新制定地方政府的生态保护和经济社会发展的考核标准，根据区位及自然禀赋等建立差别化的考核机制；其次，要加强宣传教育，转变发展意识，从之前的"先污染、后治理"转变为"生态优先"；最后，倡导绿色消费，改变消费主体的消费理念，形成良性互动的绿色消费机制。二是建立生态优先型经济发展方式。在加快生态修复的同时，要持续优化能源结构、用水结构、用地结构等，打造生态优先型经济发展方式，引导煤炭等能源工业行业以技术、绿色、智能化为发展方向，把发展生态优先型经济作为调整经济结构、转变发展模式的重要抓手。三是培育绿色产业。绿色产业需要与产业生态化和生态产业化实现紧密联系，首先要提高煤炭等能源型工业行业对资源的循环高效利用，加强资源节约技术的引进和研发，提升行业可持续发展能力，同时要加快资源的回收体系建设；其次，要加快形成新型能源节约型产业，加快

新旧动能转换，培育新型产业主体，建设现代产业体系，为绿色产业发展奠定基础；最后，完善服务体系，优化市场环境，推广能源管理新机制，通过多种实现模式营造有利于绿色产业发展的市场环境，同时完善市场准入标准，创造公平竞争的市场环境，为推动绿色产业发展提供重要支撑。

（二）共建协同发展

协同发展是实现我国经济社会可持续发展的重要基础，以协同发展促进黄河中游地区生态保护和高质量发展，要注重问题导向，主要包括以下三点：一是目标协同。要科学设计实施重大国家战略，不仅要解决黄河中游的生态问题，还要解决经济社会发展不平衡不充分的问题。统筹协调好黄河中游生态保护与经济发展之间的关系，制定生态—经济—社会互相协同的发展目标，坚持生态保护、经济发展、社会进步三者齐头并进、同步发展。二是机制协同。黄河流域在过去很长一段时间内采取的是条块分割的管理体制，出现了"九龙治水"乱象，管理主体权责不清，流域的管理部门跨区域统筹协调能力差。为解决这一问题，要加强顶层设计，从国家重大战略高度出发，打破现行区域管理机制，在保证流域发展整体性和协调性的基础上，坚持中央统筹、省负总责、市县落实的组织机制，建立跨区域协调机制，完善河长制湖长制，完善流域统一管理机制，落实黄河中游各省区和有关部门主体责任，强化流域内水环境保护修复联防联控机制，促进流域内经济社会发展与水资源开发利用的平衡与合作①。三是河江联动。与长江流域经济带相比，目前黄河流域在整体实力、城市群发展、中

---

① 侯佳儒、孔梁成："黄河流域治理需有协同思维"，《经济日报》2020 年 8 月 17 日第 3 版。

心城市实力等方面仍存在一定差距。在实现黄河流域生态保护和高质量发展的起步阶段，应着重强调黄河流域与长江流域的联动发展，鼓励黄河流域的城市和省区向长江流域的城市和省区学习先进发展经验并加强合作，在产业转移、产业分工等方面形成紧密联系，打造河江联动的良好局面，加强长江流域对黄河流域经济社会发展的引导和带动作用。

（三）促进产业发展

目前，全球范围内的数据革命、产业革命正在加速演进，"创造性破坏"正在不断涌现，创新成为产业发展的永续动力，是推动经济社会发展的主导因素。黄河中游地区的产业发展要根据现阶段基本发展状况进行战略设计，具体可归纳为三个方面：一是科技创新。数据显示，2019 年西安市、太原市、郑州市获得的国家发明专利数量分别为 9023、1732、2866 项[1]，西安市的数量远大于郑州市和太原市，但其相较于我国东南沿海地区的中心城市仍有较大差距，对比国际大都市则更显不足。推动科技创新需要做好中长期规划，在增强耐心的同时加快步伐，统筹和应用科技成果，从而实现科技成果的商业化以及产业化。加快要素配置实现成果转化，把科技创新效用体现在流域发展各方面，建立健全生态化、体系化、多层次的创新体系[2]，并进一步以科技创新推动产业创新。二是产业结构优化升级。以产业结构优化升级作为支撑，从产业结构优化出发，各产业要实现技术升级、能源结构改善，通过新技术提高能源的利用效率和产业的生态效率。推动工业产业的建设升级，加强煤炭等能源型经济领域的环境保护能力

---

① 《2019 年中国、美国、欧洲、日本、韩国五局发明专利统计分析报告》。
② 王仕涛："推动以科技创新为核心的全面创新"，《科技日报》2019 年 3 月 5 日第 2 版。

建设；同时，要实现资源型产品的循环利用，加强煤炭等能源型工业行业对工业废物的再利用；加快推进技术完善，大力发展节水产业和节水技术，实现可持续发展①。加快现代服务业发展，大力发展商业饮食业、物流等行业。三是培育新兴产业。在当前的新经济背景下，培育以信息、大数据、人工智能等为核心要素的信息服务产业，构建黄河中游的信息服务产业体系和人工智能产业体系，加快数字经济建设，加快建设新经济产业园，促进资本、技术和人才流入，利用网络技术、信息技术和人工智能技术等新技术来实现经济的可持续发展。

（四）加强共建共享

共建共享是共享发展理念的重要内涵，坚持共建共享，要做到共建与共享的辩证统一，既追求共同享有，也要求共同参与。具体包括以下三个方面：一是构建多元化的财政转移支付体系。在坚持中央统筹、省负总责、市县落实的组织机制基础之上，为公共产品供给建立多元化、多途径的财政转移支付体系，充分发挥地方政府的创造性与积极性；建立横向利益分享机制，实现财政的横向转移支付，促进沿线地区共享发展成果。二是加强企业主体在生态保护中的重要作用。首先，政府引导企业主体在促进黄河中游地区生态保护和高质量发展中制定绿色发展战略，以新的有效对策手段来应对外界市场环境的变化，使企业间的竞争实现良性的动态平衡。其次，引导企业改组结构，建立企业管理的新机制，促进企业的"新陈代谢"。最后，积极引导社会资本参与黄河中游地区的生态保护，如可适度将重大生态建设工程承包给企业并给予企业有从中获得经济利益的权利，实现生态—经

---

① 金凤君："黄河流域生态保护与高质量发展的协调推进策略"，《改革》2019 年第 11 期，第 33～39 页。

济的良性互动。三是完善公众参与制度。目前，公众参与制度在信息公开等方面存在缺陷，只有克服这些缺陷，公众才能有效参与到政策实施、践行使命中①。黄河中游地区生态保护和高质量发展需要依赖公众力量，而公众参与制度的完善有助于调动流域内广大人民的积极性和主动性。要将公众参与的范围扩大并进行分类管理，落实信息公开与公民参与的便利化。

（五）坚定文化自信，弘扬黄河文化，促进生态—经济—文化协同发展

黄河流域有着历史悠久且丰富的文化，尤其体现在黄河中游，要凸显黄河文化的魅力、突出黄河文化的地位和作用。具体包括以下三点：一是要加强物质文化遗产保护、传承非物质文化遗产，延续历史文脉。把物质文化遗产保护和高质量发展有机结合，积极引导遗产区的产业结构调整和优化升级，促进遗产保护和当地经济协调发展；同时提高非物质文化遗产的传承水平。二是要深入挖掘黄河文化的时代价值。立足于黄河中游丰富的历史文化，发展区域文化产业、打造文化企业品牌、实施文化工程；同时，要开发打造"互联网＋文化遗产""智能＋文化遗产"的融合型文化产品，提高文化产品的魅力和吸引力。三是要促进文化与生态旅游开发的融合发展。推动文化弘扬和生态旅游开发深度融合，通过旅游产业展示黄河文化、生态旅游开发传播黄河文化，促进旅游产业发展，构建生态—经济—文化协同发展的机制。

---

① 任保平、张倩："黄河流域高质量发展的战略设计及其支撑体系构建"，《改革》2019 年第 10 期，第 26～34 页。

（六）加快城市群建设

城市群是推动我国区域实现协调发展和绿色发展的空间载体，也是优化区域经济空间布局的重要组织载体，城市群建设能推动形成优势互补的区域经济布局。黄河中游地区要实现经济空间结构的优化需要在内部建立高质量发展的城市群体系，以新经济、现代产业、中心城市及城市群为载体，推动黄河中游地区的高质量发展。当前，中心城市和城市群是推动区域高质量发展的增长极，黄河中游包含的主要城市群为中原城市群、关中平原城市群、呼包鄂榆城市群和太原城市群，中原城市群是制造业和现代服务业基地，关中平原城市群是引领西部高质量发展的增长极，呼包鄂榆城市群和太原城市群是我国重要的能源、原材料和煤化工基地。几大城市群具有人口优势、能源资源优势、工业发展优势以及空间优势，随着当前国内大循环的展开，要做好承接部分产业向内陆地区转移的准备，不断完善产业生产分配等环节，迎合国内大循环的走向，同时充分利用丝绸之路经济带建设、黄河流域生态保护和高质量发展的政策红利叠加效应，推动这些城市群以新经济和现代产业为载体实现高质量发展。在建设城市群的同时要加快乡村振兴，加快推进新型城镇化建设，统筹城乡发展，如通过建设特色小镇等加快乡村建设，推动高质量发展。

四、黄河中游地区生态保护和高质量发展的实现路径与政策

黄河是中华民族的母亲河，要把黄河流域生态保护和高质量发展作为事关中华民族伟大复兴的千秋大计。黄河中游地区生态保护和高质量发展的目的是在兼顾生态保护的同时，实现中游的经济社会可持

续发展以及解决不平衡不充分发展的问题。黄河中游属于生态脆弱区域，在选择高质量发展的方向与道路时，应结合自身基本状态与限制条件，制定符合实际的发展路径与政策。

（一）加强黄河中游地区生态保护和高质量发展的顶层设计

将黄河中游地区作为一个有机整体，建立生态保护和高质量发展的长效机制，促进生态良性恢复，构建人与自然和谐共生的良性机制。在黄河中游地区生态治理过程中，要以水沙调控为重点，通过退耕还林还草、旱作梯田、淤地坝生态工程建设等重大生态建设工程，实现减少水土流失；同时继续加强对泾河、渭河等重要黄河支流的综合治理，推进生态脆弱区域的生态修复工作，实现生态的良性恢复。在经济建设中要实现区域一体化发展，建立中游的综合比较优势，强化基础设施建设，推动现代服务业发展，同时要实现资源要素的优势互补，建立科学合理的产业分工体系。

（二）完善黄河中游地区水沙调控机制

统筹水土保持工作，加强水土保持生态工程建设，持续推进退耕还林还草、旱作梯田、淤地坝生态工程建设等以改善黄河中游地区的生态环境。同时，要因地制宜、分类施策、尊重规律，结合中游不同区域的特点采取差别化的生态恢复措施：在黄土高原核心区域主要以保护土壤、增加植被覆盖、拦沙减沙等为基础功能，加强水土保持，减少水土流失，以植树造林、退耕还林还草、旱作梯田、淤地坝生态工程建设等为重点，进一步提高生态环境承载能力，减少入黄泥沙，通过减少中下游的泥沙淤积来减少下游的地上河和悬河；在关中平原以及中原地区，以农田防护、生态恢复和人居环境修复和保护等为基础功能，增强现代农业生产能力，坚持恢复水土保持生态建设。同时要着眼于减少黄河中游的水旱灾害，完善防灾减灾体系，提高应对灾害的能力，以保障黄河长久安澜。

（三）创新黄河中游地区的管理体制

推动中央统筹、省负总责、市县落实的工作机制，以河长制湖长制为抓手，要以抓铁有痕、踏石留印的作风推动各项工作落实，通过流域管理部门和区域行政部门的协作管理，努力建设生态健康的美丽黄河，使黄河成为造福人民的幸福河。首先，要强化黄河属地党政领导班子的责任，建立党政负责、公众参与的工作机制，落实沿黄各省区和有关部门主体责任，建立新型治理及考核机制。其次，要充分发挥河长制湖长制的统筹协调作用，明确治水职责，整合流域资源，鼓励引导社会资本参与到黄河中游生态环境保护和高质量发展中来，在系统治理与综合治理的过程中形成中游治理的强大工作合力，彻底消除"九龙治水"乱象。最后，对推进黄河流域生态保护和高质量发展领导小组的机构进行科学合理设置，由中央领导小组进行统一规划、统筹管理，制定严格的惩罚机制。

（四）在开放合作中构建国内国际双循环相互促进的黄河中游新发展格局

开放合作是实现黄河中游地区高质量发展的内在要求，是促进该地区高质量发展的重要途径，是破解该地区高质量发展进程中存在的难题的永续动力。首先，要积极参与共建丝绸之路经济带。丝绸之路经济带建设是黄河沿线省区走向世界的窗口，同时也是黄河中游地区高质量发展中的重要机遇，要努力使其成为高质量发展的重要抓手。

陕西是丝绸之路经济带建设中的重要省份，要以丝绸之路经济带建设为契机，拓宽黄河中游地区对外开放的道路。其次，要坚持"走出去"和"引进来"相结合，让黄河中游地区的资源优势和市场规模优势成为高质量发展过程中的重要优势。一是"走出去"，在与世界的交流互鉴中展示黄河魅力、弘扬黄河文化，打造文化产品，实现产业转移，提高市场开放度；二是"引进来"，加强与其他国家和地区的合作交流，大力引进高新产业、技术、资金、人才以及先进的管理经验等，强化与其他国家的市场联系和人才交流，让合作成为黄河中游地区高质量发展的内生动力。最后，重视内陆型自由贸易试验区的作用。陕西自由贸易试验区和河南自由贸易试验区是我国内陆对外开放发展的标志性成果，也象征着我国内陆对外开放迈上了新的台阶。设立自由贸易试验区是我国在探索对外开放进程中的新路径和新模式，在高质量发展进程中要强化自由贸易试验区先行先试、扩大开放的重要作用，优化属地经济结构，构建与其他国家和地区合作发展的新平台，培育黄河中游地区新的竞争优势。

（五）深化黄河中游地区生态环境保护和高质量发展的市场化改革

首先，要充分发挥政策引导资金的积极作用，鼓励和加强当地政府与社会资本的合作，引导社会资本投入到黄河中游地区生态保护和高质量发展中来。其次，要实现水资源的集约节约利用，加快动态水权管理、水资源利用的市场化改革，在水资源利用中坚持"有多少汤泡多少馍"的思想，把水资源作为黄河中游地区高质量发展进程中最大的刚性约束，以节水定额标准体系为基础，建立反映水资源供求与供水成本的动态水价调整机制。再次，支持企业对黄河中游进行保护性开发,建立生态—经济融合的新发展模式,鼓励地方政府适当将流域开发经营的权力交给企业,企业在进行生态保护的同时发展生态旅游等特色项目,在生态环境保护的同时获得经济收益,从而建立生态—经济融合的长效发展机制。最后,在黄河中游地区创新发展的过程中,推动流域管理体制深化市场化改革,开拓符合中国特色社会主义市场经济规律的体制创新道路,通过制度红利促进发展,进而推动黄河中游地区生态保护和高质量发展。在体制改革中,需要黄河中游各省区坚持深化市场化改革方向,加快推动资源的自由流动以提高资源配置效率,同时要转变政府职能,通过简政放权营造良好的营商环境。

执笔人:任保平 杜宇翔

专题七

黄河下游地区生态保护和高质量发展研究

为深入学习贯彻习近平总书记在黄河流域生态保护和高质量发展座谈会上的重要讲话精神，受国务院发展研究中心课题组委托，山东省政府发展研究中心课题组在认真学习相关资料基础上，赴山东省菏泽市、泰安市、东营市调研，赴河南省郑州市、开封市考察学习，召开座谈会深入交流，经深入思考，形成了黄河下游地区生态保护和高质量发展的研究报告。

一、黄河下游地区概况

黄河下游地区西起河南省郑州市桃花峪，东至山东省东营市垦利区流入渤海，全长785.5千米（部分河段山东、河南共有），流域面积2.27万平方千米。

（一）河段基本情况

黄河下游河南段，以郑州荥阳市桃花峪为界，东至濮阳市台前县，流经郑州、开封、新乡、濮阳4市的14个县市区（不含开发区），全长312千米（4市有重合河段）。截至2019年底，4市人口2583.7万人，占河南省总人口的23.4%。黄河下游山东段，自菏泽市东明县流入，呈北偏东流向，经菏泽、济宁、泰安、聊城、德州、济南、淄博、滨州、东营9市的25个县市区，在东营市垦利区注入渤海，全长628千米（见表1），占总河道的11.5%。截至2019年年底，沿黄9市人口5432.8万人，占山东总人口的53.95%。

表1　　黄河下游流经城市及河道长度情况（部分市有重合河段）

流经省市		辖区河道长度（千米）	流经县市区数量（个）	流经县市区名称
河南省	郑州市	160	4	荥阳市、惠济区、金水区、中牟县
	开封市	109.1	4	龙亭区、顺河区、祥符区、兰考县
	新乡市	165	3	原阳县、封丘县、长垣市
	濮阳市	167.5	3	濮阳县、范县、台前县
山东省	菏泽市	185	4	东明县、牡丹区、鄄城县、郓城县
	济宁市	30.2	1	梁山县
	泰安市	36.3	1	东平县
	聊城市	59.51	2	阳谷县、东阿县
	德州市	63.4	1	齐河县
	济南市	183	7	平阴县、长清区、槐荫区、天桥区、历城区、济阳区、章丘区
	淄博市	45.6	1	高青县
	滨州市	94	4	邹平市、惠民县、滨城区、博兴县
	东营市	138	4	东营区、河口区、垦利区、利津县

资料来源：作者自制。

（二）完善防洪减灾体系，扎实做好防汛工作

黄河下游主河道涵盖游荡型、过渡型、弯曲型和河口尾闾型等类型，"地上悬河"的特征决定了黄河防汛的复杂性、严峻性。历史上黄河决口1500余次，较大的改道有20多次，主要发生在下游，因此

"黄河宁，天下平"对河南、山东具有更强的现实意义。下游城市高度重视黄河防汛工作，建立健全预案体系、队伍体系、物料体系，各级政府持续加大黄河堤防、险工、控导、涵闸等重点水利工程建设力度。河南郑州、开封、新乡、濮阳4市建成标准化堤防377千米。山东段建有各类设防大堤1118千米、险工126处、控导142处、滚河防护和顺堤行洪防护工程5处，有东平湖、北金堤（跨河南、山东）2个蓄滞洪区，总库容分别达到36亿立方米、27亿立方米，黄河入海口地区已建成海堤204千米，基本建成防洪减灾体系。2002年以来，通过调水调沙，下游河道最小平滩流量由1800立方米/秒恢复至4300立方米/秒。

（三）加大生态修复力度，河段水质持续改善

黄河是下游水生态环境保护的重要屏障。近年来，河南省积极推动污染防治、生态修复，河南段水质整体呈现稳定好转趋势，2019年国家考核的18个断面中，达到或优于Ⅲ类水质的断面有17个。山东段水质持续改善，2019年辖区干流及主要支流国控监测点全部达到或好于Ⅲ类水体（见表2）。

表2　　　　　　　　2010～2019年黄河山东段监测断面水质情况

年份	菏泽高村断面				济南泺口断面				东营利津断面			
	氨氮		化学需氧量（CODcr）		氨氮		化学需氧量（CODcr）		氨氮		化学需氧量（CODcr）	
	年平均浓度（mg/L）	类别	年平均浓度（mg/L）	类别	年平均浓度（mg/L）	类别	年平均浓度（mg/L）	类别	年平均浓度（mg/L）	类别	年平均浓度（mg/L）	类别
2010	0.64	Ⅲ	15.3	Ⅲ	0.43	Ⅱ	13.2	Ⅰ	0.42	Ⅱ	13.9	Ⅰ
2011	0.48	Ⅱ	14.7	Ⅰ	0.41	Ⅱ	16.2	Ⅲ	0.40	Ⅱ	15.7	Ⅲ
2012	0.44	Ⅱ	15.7	Ⅲ	0.33	Ⅱ	14.5	Ⅰ	0.31	Ⅱ	15.6	Ⅲ
2013	0.37	Ⅱ	16.0	Ⅲ	0.31	Ⅱ	14.9	Ⅰ	0.33	Ⅱ	16.3	Ⅲ

年份	菏泽高村断面				济南泺口断面				东营利津断面			
	氨氮		化学需氧量（CODcr）		氨氮		化学需氧量（CODcr）		氨氮		化学需氧量（CODcr）	
	年平均浓度（mg/L）	类别	年平均浓度（mg/L）	类别	年平均浓度（mg/L）	类别	年平均浓度（mg/L）	类别	年平均浓度（mg/L）	类别	年平均浓度（mg/L）	类别
2014	0.39	Ⅱ	15.4	Ⅲ	0.33	Ⅱ	15.0	Ⅰ	0.31	Ⅱ	16.2	Ⅲ
2015	0.32	Ⅱ	13.9	Ⅰ	0.32	Ⅱ	13.3	Ⅰ	0.30	Ⅱ	17.1	Ⅲ
2016	0.29	Ⅱ	13.9	Ⅰ	0.29	Ⅱ	12.0	Ⅰ	0.30	Ⅱ	15.4	Ⅲ
2017	0.24	Ⅱ	12.1	Ⅰ	0.28	Ⅱ	10.9	Ⅰ	0.28	Ⅱ	11.2	Ⅰ
2018	0.30	Ⅱ	16	Ⅲ	0.30	Ⅱ	15	Ⅰ	0.30	Ⅱ	14	Ⅰ
2019	0.29	Ⅱ	14	Ⅰ	0.32	Ⅱ	11	Ⅰ	0.30	Ⅱ	13	Ⅰ

资料来源：表格数据由山东黄河河务局提供。

自 1999 年黄河水资源实行统一管理调度以来，黄河干流实现 20 年不断流。为改善河口地区生态环境，实现河口湿地生态系统的良性维持，自 2008 年开始向黄河三角洲进行生态调水，累计向清水沟流路湿地补水 2.26 亿立方米，年均补水 2200 万立方米。黄河河口湿地功能退化问题得到明显改善，黄河三角洲生态保护区内湿地明水面积占比由原来的 15% 增加到 60%，湿地恢复区内土壤 pH 值下降 0.43，达到中度及轻度盐化土标准，区域植被覆盖率增加 10 个百分点。目前，黄河三角洲自然保护区，作为暖温带保存最完整、最年轻的湿地生态系统，已成为保护物种多样性的天然基因库，鸟类迁徙的重要中转站、越冬地和繁殖地，鸟类由建区时的 187 种增加到 265 种；拥有种子植物 393 种，成为我国沿海最大的新生湿地自然植被区。

（四）坚持节约优先，科学用好黄河可供水量

黄河是支撑经济社会发展的生命线，黄河水是重要的基础性自然

资源，引黄供水占有举足轻重的地位。根据"八七分水方案"（《国务院办公厅转发国家计委和水电部关于黄河可供水量分配方案的报告》国办发〔1987〕61号），河南、山东分配黄河用水量分别为55.4亿立方米、70亿立方米，占分配总量的13.5%和18.9%（见表3）。

表3 沿黄9省区及河北、天津黄河可供水量分配情况 单位：亿立方米

省份	青海	四川	甘肃	宁夏	内蒙古	陕西	山西	河南	山东	河北、天津
水量	14.1	0.4	30.4	40.0	58.6	38.0	43.1	55.4	70	20

资料来源：表格数据根据国家"八七分水方案"制作。

坚持节水优先方针，持续推进节水型社会建设，用水效率显著提高。以山东为例，引黄用水量占全省总供水量的30%以上，其中农业灌溉用水占引黄总用水量的66.3%，工业生活用水占26.7%，生态景观用水占4.2%，其他用水占2.8%（见表4）。

表4 山东省各城市引黄用水结构统计表

分区	行政区	用水结构（%）			
		工业生活	农业	生态景观	其他
鲁西南片区	济宁市	—	95.60	4.40	—
	菏泽市	12.04	80.62	1.26	6.08
鲁北片区	德州市	3.22	96.78	—	—
	聊城市	3.47	88.11	1.51	6.91
	滨州市	26.36	73.64	—	—
	东营市	32.34	53.88	13.78	—
胶东四市	青岛市	100.00	—	—	—
	烟台市		—	—	—
	潍坊市		—	—	—
	威海市		—	—	—
其他	济南市	45.44	50.38	4.18	—
	淄博市	77.34	22.66	—	—
	泰安市	61.44	38.56	—	—

注：根据各引黄市上报数据统计得出。

（五）产业体系完备，发展基础较好

河南黄河下游地区已建立起比较完整、特色鲜明的现代工业体系，生产能力大幅跃升，打造了一批在全国具有较强影响力、竞争力的企业和品牌。郑州市形成了电子信息、汽车及装备制造、生物医药、新材料等七大工业主导产业，构建了与国际接轨的对外开放体系，2019 年进出口总额占全省的 72.3%，智能手机、宇通客车等一批郑州制造、郑州品牌走向世界。开封市依托水生态推动文化旅游产业高质量发展，以文化旅游产业为引领的服务业占 GDP 的比重和增长贡献率均超过 50%。濮阳市坚持以高标准农田建设引领农业高质量发展，建成高标准农田 17 万公顷、占耕地面积的 60.1%；石油装备、装备制造、食品加工三大主导产业发展壮大，65 平方千米新型化工基地进入全面实施阶段。

2019 年，山东沿黄地区粮食播种面积、总产量分别达到 204.3 万公顷（一年两季）、1291 万吨，分别占全省的 24.6% 和 24.1%；累计建设高标准农田 64.4 万公顷，划定小麦、玉米、水稻生产功能区 1220 万亩；拥有省级以上现代农业产业园 13 家（国家级 2 家），国家级农业产业强镇 9 个，省级以上田园综合体 9 个。文化旅游发展进入快车道，A 级景区 666 处（其中 5A 级 4 处、4A 级 105 处），占全省总数的 50%。园区建设稳步推进，拥有省级以上高新技术产业开发区 3 个（国家级 1 个），省级以上经济开发区 19 个（国家级 2 个），国家级新型工业化产业示范基地 5 个（汽车产业、软件和信息服务业、铜深加工、工程机械、大数据领域），省级化工园区 13 个。骨干企业支撑能力较强，22 家企业入围中国制造企业 500 强，占全省入围总数的 27%，其中魏桥创业、中国重汽、东明石化、万达控股 4 家企业位列前 100 名，占全省总数的 40%。

（六）各类资源丰富，开发潜力较大

矿产资源丰富。河南省郑州市已探明有煤、铝矾土、耐火黏土等36种矿藏，其中，煤炭保有储量72.12亿吨，铝土矿保有储量2.49亿吨。开封市已探明的石油和天然气，预计总生成量分别为5.6亿吨、485亿立方米。新乡市已发现矿种27种，探明的矿产资源中，煤炭25.01亿吨。濮阳市石油、天然气、盐、煤等资源储量丰富，是中原油田所在地。山东省沿黄9市已查明资源储量矿产资源种类58种，占全省查明资源储量矿产资源种类85种的68.23%。

农业资源丰富。有开封黄河鲤鱼、菏泽牡丹、泰山赤鳞鱼、黄河三角洲鸟类等生物资源，创建形成洛阳牡丹、开封桶子鸡、菏泽牡丹、鲁西黄牛、德州扒鸡、东阿阿胶、沾化冬枣、黄河口大闸蟹等一批知名特色农产品品牌。

文化资源丰富。黄河下游是华夏历史文明的核心区。郑州是中国八大古都之一，拥有世界文化遗产2处12项、全国重点文物保护单位83处。开封素有"八朝古都"之称，孕育了宋文化，拥有全国重点文物保护单位24处。山东省孕育了儒家文化、泰山文化、泉水文化、运河文化、红色文化等，拥有国家级历史文化名城6处、文物保护单位32处、非遗项目27项，平安泰山、泉城济南、鲁风运河、水浒故里、黄河入海等文化旅游目的地品牌影响力、吸引力日益增强。

二、黄河下游地区生态保护和高质量发展
面临的有利条件与困难挑战

从实地调研、座谈交流情况看，河南、山东两省地理位置优越、资源禀赋突出、经济实力雄厚，在生态保护和高质量发展方面做了大

量卓有成效的工作，但是对照中央的要求，在防洪形势、生态保护、区域协调、高质量发展等方面仍有提升的空间，黄河下游地区生态保护和高质量发展机遇和挑战并存。

（一）比较优势

河南、山东是经济大省和人口大省，地区生产总值分别位居全国第 5 位、第 3 位，户籍、常住人口均位居全国前 3 位，在黄河流域优势最聚集，发展基础最雄厚。

一是产业基础好。河南省下游地区人力人才优势突出，吸引了富士康等企业落户，装备制造、食品制造、电子制造、汽车制造等主导产业增势较快。山东省作为全国唯一一个拥有全部 41 个工业大类的省份，在 207 个工业中类中拥有 197 个，在全部 666 个工业小类中拥有 526 个。

二是城市群发达。拥有国家中心城市郑州和黄河流域中心城市济南，并各自带动形成了大都市区和省会经济圈。郑州大都市区成立了"1＋4"大都市区城市联盟，协同推进交通一体、产业协同、生态建设、资源共享。特别是郑汴一体化融合成果丰硕，郑州、开封两市基本实现"五同城一共享"，2019 年两市生产总值占全省比重由 2005 年的 19.5％ 上升到 25.8％。山东省会经济圈以推进全域统筹发展和省会经济圈一体化发展为主攻方向，构建起有效的区域协调发展新机制。济南、淄博、德州、滨州、东营、济宁、菏泽等 9 市结成省会经济圈（黄河流域）大数据一体化城市联盟。济宁、泰安、济南签署联手打造中华文化枢轴文旅协同发展战略合作协议，并与西安、西宁等黄河流域重要城市签署战略合作协议。

三是基础设施完备。郑州区位优势独特，航空、高铁、高速公路四通八达，是全国重要的交通枢纽。济南正在实施遥墙国际机场二期建设，加快构建轨道交通网；郑济高铁进入施工阶段，济莱高铁全线首座隧道贯通；济泰高速、济乐高速公路南延线通车运营，以济南为核心的"米"字形交通网更加健全。

（二）面临的困难挑战

1. 防洪形势依然严峻

"二级悬河"不利局面尚未得到根本改变。黄河每年从中游输往下游的泥沙平均约16亿吨，其中约4亿吨淤积在下游河床。远离河槽的滩地因水文交换作用不强，淤积厚度减少，出现河道内"槽高滩低"、滩地又高于堤外地面的"二级悬河"局面。目前，黄河河床普遍高于两岸地面4～6米，设防水位高出两岸地面8～12米，发生洪水时易导致"横河""斜河"和顺堤行洪，危及堤防安全。防洪工程体系还存在薄弱环节。北金堤滞洪区末端积水难排，金堤河洪水严重威胁北金堤安全。个别河段河势持续发生不利变化，山东省菏泽市东明县霍寨险工河段河势持续上提，牡丹区刘庄河段河势上提下挫，高村以上54千米游荡型河势未得到有效控制。部分河道工程根石基础薄弱，新建、改建河道工程未经过大洪水考验。防洪非工程措施不完善。非法取土、采砂等行为，对防汛安全带来严重不利影响。黄河现有防汛物资仓库存在标准低、年久失修和管理设施设备落后等问题。黄河专网通信、网络保证率低，防汛信息化水平亟待提高。

2. 流域生态环境脆弱

黄河水质污染依然存在。河南段支流和跨省界河流断面水质改善压力仍然较大，2019年度水质级别为轻度污染，主要污染物为化学需氧量、总磷和氨氮。黄河携带入海的无机氮逐年增多并在莱州湾内富集。黄河干流径流量明显减少。近 15 年黄河年均入海水量为 183 亿立方米，仅为 20 世纪平均入海水量 483 亿立方米的 37.9%（见图 1）。黄河入海水沙量的锐减，导致河口地区不断受到海水侵蚀，刁口河故道区域蚀退面积超过 200 平方千米。黄河支流年径流量下降较多，流域刚性用水需求与水资源短缺之间矛盾突出。水资源开发利用率高达 80%，远超一般流域 40% 的生态警戒线，干流河道内生态环境用水不足，河流生态功能受损。国土空间保护开发利用矛盾突出。存在自然保护地与永久基本农田重合，湿地、自然保护区与防洪工程交叉重叠等问题。例如，河南省郑州市黄河湿地自然保护区批复面积为 374.4 平方千米，而纳入生态红线的仅为 72.7 平方千米，对流域生态保护和修复具有较大影响。

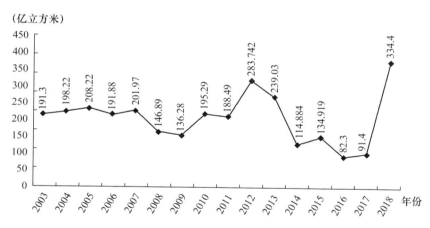

图 1　2003～2018 年黄河入海水量

资料来源：此表格数据由山东黄河河务局提供。

3. 用水矛盾突出

水资源保障形势严峻。黄河流域人均水资源量约为 450 立方米，仅为全国平均水平的 1/5，低于国际公认的 500 立方米的极度缺水标准。工农业生产、居民生活和生态用水量刚性增长，流域缺水形势更加严峻。《山东省水安全保障总体规划》显示，在考虑工农业和生态正常用水需求的情况下，到 2030 年，山东省将缺水 68.9 亿立方米，枯水年份缺水形势将更加严峻，济南等沿黄 9 市普遍反映引黄用水指标不足。引黄能力明显下降。2002 年以来，连续进行了以小浪底水库为核心的调水调沙，在保障下游行洪能力显著增加的同时，随之带来下游河床持续下切，引黄断面水位下降，导致部分涵闸引水能力不足。例如，山东省济宁市主河槽下切近 2 米，引黄闸年引水总量平均约为 1.6 亿立方米，远远达不到每年 4 亿立方米的引黄分配指标。用水效率亟待提升。水资源利用较为粗放，特别是农业用水效率低下。据统计，山东省内仅有德州市的豆腐窝灌区农田灌溉水利用系数达到 0.66，其余均未达到山东省节水型社会建设技术指标 0.65 的要求。

4. 区域发展不均衡

从河南省来看，区域内经济总量差别较大，经济贡献主要来源于郑州、洛阳、济源等黄河中上游城市。2019 年，地处下游的开封、新乡、濮阳 3 市人均生产总值分别为 5.18 万元、5.04 万元、4.38 万元，均低于全省水平（5.65 万元）；居民人均可支配收入分别为 21795 元、24562 元、21592 元，其中开封、濮阳两市低于河南全省平均水平（23902.68 元）。

从山东省来看，沿黄 9 市经济发展相对落后，2019 年东营、泰安、滨州、聊城 4 市地区生产总值均在省内 10 名以后，聊城、菏泽两市人均 GDP 分别为 37056.6 元、38830 元，仅为全省平均水平的 52.4% 和 55%；沿黄 9 市人均一般公共预算支出 9103.9 元，比全省平均水平低 1558 元；沿黄 9 市开放型经济发展滞后，外贸进出口仅占全省的 31.2%。

5. 产业转型升级任务重

总体看，传统产业占比高，高耗能行业转型升级步伐缓慢，传统动能依然是经济增长的核心支撑，新旧动能转换动力不足。产业结构偏重问题较为突出。从河南情况看，流域内三产结构为 6.1∶52.8∶41.1，以第二产业为主导，产业结构不尽合理，绿色发展能力不足。从山东情况看，制造业营业收入主要来源仍是资源型、能耗型产业，营业收入位于前 5 位的行业全部为高耗能行业，占比高达 59%，原材料工业营业收入占比高达 54%，均高于全省 17 个百分点。产业集聚度不高。原料制品、中间产品多，区域协作不紧密，许多地方存在有企业无产业、有龙头无集群的问题，难以形成高端产业集群。产业雷同、重复布局现象突出。河南下游地区有省级产业集聚区 13 个，占省级产业集聚区总数的 30.2%，主导产业大多集中在有色金属、化工、装备制造等高耗能高污染行业，园区集约发展程度低，潜在的环境风险较高。科技创新能力不足。高层次人才缺乏，科教资源、创新平台、发明专利都比较少，如山东省滨州市涉铝企业中高级技术人员占比仅为 3% 左右；计算机、通信和其他电子设备、通用设备等先进制造业营业收入占比低于全省平均 1.3 个百分点。

三、黄河下游地区生态保护和高质量发展
应遵循的原则和需要把握的关系

立足下游实际，本研究报告提出了下游地区黄河流域生态保护和高质量发展需要把握的原则和统筹关系。

（一）需要遵循的原则

在工作推进上，需要遵循以下三个原则。

一是特色化布局。立足资源禀赋、区位现状、产业特色，发挥比

较优势，形成特色鲜明、分工合理、优势互补、良性互动的生态保护和高质量发展格局。例如，郑州市发挥国家中心城市优势，秉承"生态优先、流域互动、集约发展"的理念，以点带面，努力推动国家战略部署的落地实施。开封市着力打造黄河流域的黄河文化核心展示区、生态文明建设示范区、文旅融合高质量发展示范区和新时代弘扬焦裕禄精神传承地。济南市加快实施"携河北跨"，建设黄河流域中心城市，推进新旧动能转换综合试验区和黄河流域生态保护高质量发展两大战略融合，增强辐射带动能力。菏泽市突出抓好防洪体系建设、黄河滩区迁建和现代农业发展。东营市重点保护黄河三角洲湿地系统和生物多样性，打造黄河入海文化旅游目的地和富有活力的现代化湿地城市，等等。

二是一体化发展。牢固树立黄河下游地区"一盘棋"思想，整体谋划、系统推进，防止单打独斗、各自为战。要打破"一亩三分地"思维，注重协同发展、错位发展、一体化发展，加强省际间的区域战略合作。向东对接日韩发展开放型经济，向西加强与黄河中上游的协调联动，向北对接京津冀协同发展和雄安新区建设，向南强化与长江经济带合作交流，推进区域一体化发展。

三是统筹化推进。强化区域功能统筹，黄河下游沿黄城市开展深度合作，在防汛抗旱、产业培育、生态保护等方面形成紧密互补的联系。强化交通基础设施统筹，布局实施重大交通基础设施项目，优化完善黄河沿线和两岸综合立体交通网络。强化环境治理统筹，坚持河流—湖泊—陆地—海洋系统保护与治理，严控点源污染、面源污染，严格保护黄河流域流路与入海的生态安全。强化资金要素统筹，实施一批沿黄防洪减灾、生态保护修复、绿色高效农田建设等工程。

（二）需要把握的关系

在发展思路上，需要把握以下五方面的关系。

一是水沙关系。完善水沙调控机制，科学合理引导控制水沙比例，优化配置水沙关系。一方面，高标准抓好河道清淤和滩区治理，逐步缓解淤积状况；另一方面，沙不是越少越好，组织开展水沙量论证，提出意见建议，确保黄河来水不减少、湿地不萎缩。

二是点面关系。推动跨区域协作发展，探索建立经济发展与生态保护协同共赢机制，迅速形成样板案例，为黄河中上游其他地区提供经验借鉴。坚持抓主要矛盾和矛盾的主要方面，突出抓好四个节点：第一，黄河滩区迁建既要解决安全问题，又要重视发展问题，打造民生改善的示范区；第二，突出抓好北金堤、东平湖等关键节点，协同推进区域内"堤、岸、疏、蓄、滞、排"综合治理工程布局，加密建设生态河道网，着力增强行洪、调蓄能力，打造防汛安全的示范区；第三，瞄准全流域发展龙头，着力加快郑州市、济南市中心城市建设，带动黄河下游甚至整个流域发展，打造高质量发展的示范区；第四，强化湿地功能，优化郑州黄河中央湿地、东营黄河入海口湿地建设，打造生态保护的示范区。

三是保护与开发的关系。推动黄河流域生态保护和高质量发展，关键是要坚定践行"绿水青山就是金山银山"理念，努力实现"两山"转化，建设黄河流域生态经济带，建立与资源环境禀赋相适应的产业结构。应注重保护和开发的系统性、整体性、协同性，以生态保护为前提，科学布置蓄洪保障与产业布局、脱贫迁建与乡村振兴、资源开发与生态保护，推动经济社会发展与人口、资源、环境相协调，实现生态效益、经济效益、社会效益综合效益最佳。

四是新旧关系。黄河下游地区与先进省区相比，差在发展活力、产业层次上，根本的是产业处于中低端，发展的新动能严重不足。广东"腾笼换鸟"的经验表明，谁调整得快，谁就发展得快；不推进转调，必将走进死胡同。河南、山东正处于爬坡过坎、提质升级、新旧动能转换的关键期，要在动能转换中先行一步，通过"腾笼换鸟、凤凰涅槃"缩小差距，为黄河中上游、黄河以北地区提供借鉴。

五是强优势与补短板的关系。推动黄河流域生态保护与高质量发展，关键是找准比较优势，弥补薄弱环节，明确功能定位和发展路径。与上中游相比，下游地区最大的优势是发展实力和水平，有完备的产业基础和工业体系，应勇于承担黄河流域高质量发展排头兵的角色，起到示范引领的作用。注重发挥好区位优势、交通优势、人力优势、资源优势、产业优势、文化优势，提升科技创新能力，加快产业转型升级，促进人才流、信息流、资金流向沿黄城市集中。

四、黄河下游地区生态保护和高质量发展
需要实施的六大工程

实施黄河流域生态保护和高质量发展重大国家战略，既是重大发展机遇，更是重大政治责任。围绕全面落实习近平总书记"五个着力"的要求，根据黄河下游地区的调研、座谈情况，经认真分析研究，本研究报告提出针对性的对策建议，重点是实施"六大工程"。

一是实施生态廊道建设工程，打造绿色环保的生态河。坚持山水林田湖草综合治理、系统治理，分区防治、分类施策，为黄河下游生态保护和高质量发展保驾护航。积极构建跨区域生态保护协作机制，强化污染排放标准协同、水质监测数据共享、监督管理协同，统筹规划黄河流域水沙治理和综合生态修复。扎实推进森林生态修复与保

护、农田防护林、森林生态廊道、城乡绿化美化等重点林业工程，更新改造沿黄地区退化严重的防护林。建设以国家公园为主体的自然保护地体系，加快建设黄河口国家公园，积极推动黄河国家公园（郑州）创设。加强黄河下游岸线保护力度，划定黄河干流、重要支流、重要湖泊水域岸线和生态保护红线。加强黄河三角洲国家级自然保护区、海洋特别保护区生态保护，实施黄河口生态修复工程，防治外来物种入侵，加快入海污染物和无机氮富集治理。

二是实施流域安全工程，打造长治久安的安澜河。牢固树立防洪仍然是黄河治理的头等大事这一理念，做好防大水、抗大洪的预案准备，尤其是分析、应对好极端天气的影响，全力保障人民群众的生命财产安全。积极配合争取水利部黄河委员会加固黄河堤坝计划，开展下游河道控导工程续建加固，加强"二级悬河"治理，增强防洪蓄水保障能力。实施河道综合治理提升工程，解决局部河段河势上提下挫、塌滩形成新湾、工程脱溜等问题。开展河口段治理，实施河口双流路工程。启动开展论证"修建桃花峪水库""宽滩河段控导工程连接""洪水分级设防、三滩分区治理"等方案；谋划启动东平湖蓄滞洪区防洪安全工程，清淤增容湖体，提升防洪能力。

三是实施用水保障工程，打造造福人民的幸福河。坚持"把水资源作为最大刚性约束"，以水计划管理为手段，强化用水管控，实现区域内黄河水资源的协同调度和高效配置。完善引、蓄、排、防、供体系，加快实施引黄涵闸改扩建工程，增强引水、蓄水能力。积极推进黄河提灌闸口、平原调蓄水库等重大水利工程建设，有序推进郑州市中小型水库清淤扩容、西水东引等水利工程，推动山东省东平湖河湖连通工程，发挥水量调节作用。积极争取河口保护区湿地等河道外生态补水。全面推行节水行动，合理控制灌溉规模，推进大中型灌区现代化改造，加强农业灌区渠道及配套设施建设，因地制宜推广节水灌溉技术，提高灌溉水利用效率。实施高耗水行业生产工艺节水改造和城镇供水管网改造，建立市场化、阶梯化用水机制。

四是实施交通一体化工程，打造互联互通的开放河。构建并完善"沿黄""跨黄"区域综合交通体系，加快形成区域一体化多式联运格局。重点完善以黄河沿线桥梁为依托的高速铁路、城际铁路和高等级公路为主体的快速交通网络。加快铁路建设，推动郑济高铁建设提速，增强郑州与济南两大城市之间的有效联通。优化区域路网布局，提速加密拓宽高速路，启动沿黄高等级公路建设研究等前期工作。发挥山东港口优势，争取国家支持，从兰州出发，串联延安、太原、济南、东营、烟台等城市，建设甘肃、陕西、山西等省新的入海大通道。加强信息基础设施建设，加强城市大数据互动合作，建设互通共享的公共应用平台，提升区域内信息化水平，实现科学管理、高效管理。

五是实施黄河文明示范工程，打造文化传承的文明河。实施好"四个一"工程：第一，讲好"黄河故事"。开展黄河文化研究顶层设计，系统整理黄河文化、运河文化、儒家文化、泰山文化和宋文化，加强对物质文化遗产及非物质文化遗产的保护利用。第二，建设一批标志性文旅项目。推进生态保护、旅游发展与文化产业有机融合，全力营造"黄河母亲"主题形象，支持郑州、开封等城市打造国际研学黄河文明寻根目的地，支持济南、济宁、泰安等城市打造齐鲁文化产业带。充分利用"河海交汇、新生湿地、野生鸟类"三大世界级自然资源，建设黄河入海文化旅游目的地核心区。第三，举办一个论坛。每年举办黄河流域生态保护和高质量发展高层论坛，邀请国家有关部委、沿黄9省区相关负责同志及专家学者参与，共商黄河发展大计。第四，搭建一个平台。成立黄河生态保护研究中心，整合黄河下游地区现有涉水科技创新团队、涉水科研平台，以"开放、融合、共享"的思路构建黄河研究智库。

六是实施高质量发展推进工程，打造高质高效的发展河。加快传统产业绿色转型发展，出台黄河下游地区产业负面清单，综合运用质量、安全、环保等标准，依法依规倒逼钢铁、水泥、电解铝等落后产能有序退出。大力发展绿色高效生态农业，加快黄河三角洲农业高新技术产业示范区建设进度，建成以盐碱地综合利用和高效生态现代农业为特色的全国农业创新高地。推动滩区迁建与乡村振兴的有效衔接，加快实施一批重大工程和项目，带动滩区内低收入人口异地搬迁、产业扶贫，带动滩区居民增收。加快开放型经济发展，出台政策措施，引导积极参与"一带一路"建设、抓好对外开放，扩大外贸进出口所占比重。坚持中心带动，加快郑州国家中心城市建设，支持济南争创国家中心城市，推动郑州大都市区与济南省会都市圈对接合作。

执笔人：鞠卫光　钊　阳　李海涛　李诗君

专题八

打造黄河流域高水平开放平台研究

    当前，国际国内经济环境正经历着深刻变化，国内国际相互促进的双循环新发展格局逐步形成。依托高速公路、高速铁路、河流等交通网络，建设经济走廊，发展廊道经济，是多城市跨区域合作的一种新型模式。黄河流域跨越9省区，呈现"几"字形分布，又与"一带一路"省份高度重合，其主要城市的空间分布独具特色，开发利用好黄河流域经济带，构建高水平开放平台，有助于以线带面，推动单个节点城市转向一体化区域协作发展。黄河流域高水平开放平台的搭建，有助于强化与周边国家经贸合作往来，既能在助力"一带一路"升级版建设中展现新作为，又能在推进黄河流域生态保护和高质量发展战略中作出新贡献。

一、打造黄河流域高水平开放平台的机遇

（一）抓住空间重合巨大优势，推进"一带一路"倡议落地

    黄河流域与"一带一路"沿途省区重合度较高，"一带一路"的主要线路在郑州汇合后向西延伸，贯穿了黄河流域的主要区域。黄河流域包括9个省份，上中下游联动发展、高效互动，是面向中亚、南

亚、西亚的通道和枢纽，在双循环的背景下，其战略地位更为凸显。将黄河流域与"一带一路"紧密结合，将能够互促互进、相得益彰，为彼此提供发展战略的落脚点与动力源。

黄河流域沿途 9 省区区位优势明显，"一带一路"与黄河流域生态保护和高质量发展两大国家战略相互叠加，构建高水平开放平台成为落实两大国家战略的关键举措。"一带一路"倡议是党的十八大以来确立的重大对外战略，它顺应了时代要求和各国加快发展的愿望，一经推出即得到沿线国家和地区的热烈支持。作为"一带一路"重要节点城市，黄河流域沿途主要城市战略优势明显，具备加快"走出去"步伐的可能。打造高水平开放平台，可以加强与沿线国家和地区经贸合作往来，推动单个节点城市转向一体化区域协作发展，既能在助力"一带一路"升级版建设中展现新作为，又能在推进黄河流域生态保护和高质量发展战略中作出新贡献。

（二）顺应全球经济发展趋势，把握"廊道经济"重大机遇

当前，国际国内经济环境正经历着深刻变化，国内国际相互促进的双循环新发展格局逐步形成。城市竞争逐渐向区域竞争转变，客观要求城市破除行政区划障碍，在更大范围内协调分工，进而推动整个区域向前发展。在此背景下，依托高速公路、高速铁路、河流等交通网络，建设经济走廊，发展廊道经济，是多城市跨区域合作的一种新型模式。美国硅谷、波士顿地区以及我国提出的 G60 科创走廊、广深科创走廊都是贯彻落实"廊道经济"的最佳案例。

黄河河道呈"几"字形，其主要城市的空间分布独具特色，建设廊道经济关键在于利用好"几"字地形，尤其是以黄河中游开放为支撑，贯通黄河流域上中下游一体化发展。中游地区的西安具有科技创新的比较优势，原创技术与高精尖科技基础十分雄厚；下游的洛阳是全国著名的先进制造业基地，科研院所相对聚集，郑州是全国重要的综合交通、物流枢纽，三市产业发展与合作的潜力巨大。基于此，以中下游地区重点城市协作发展的开放平台为依托，贯通黄河流域上下游的要素市场与产品市场，有利于打造黄河流域各个区域各具特色的高水平开放平台，进而顺应经济发展大趋势，促进黄河流域高质量发展。

二、黄河流域开放的现状及问题

（一）开放平台建设取得一定进展，整体开放程度仍有待提高

在国家构建全方位开放格局的背景下，黄河流域开放平台建设已经取得一定进展。表1至表4总结了黄河上游、中游、下游地区的经济开发区和自由贸易区分布情况。

表1 黄河上游省区经济开发区分布

省　区	名　称
青海（2）	西宁经济技术开发区
	格尔木昆仑经济开发区
四川（8）	成都经济技术开发区
	广安经济技术开发区
	德阳经济技术开发区
	遂宁经济技术开发区
	广元经济技术开发区
	绵阳经济技术开发区
	宜宾临港经济技术开发区
	内江经济技术开发区

续表

省　区	名　称
甘肃（5）	兰州经济技术开发区
	金昌经济技术开发区
	天水经济技术开发区
	酒泉经济技术开发区
	张掖经济技术开发区
宁夏（2）	银川经济技术开发区
	石嘴山经济技术开发区
内蒙古（3）	呼和浩特经济技术开发区
	巴彦淖尔经济技术开发区
	呼伦贝尔经济技术开发区

表2　　　　　　　　　黄河中游省份经济开发区分布

省　份	名　称
陕西（5）	西安经济技术开发区
	陕西航空经济技术开发区
	陕西航天经济技术开发区
	汉中经济技术开发区
	神府经济技术开发区
山西（4）	太原经济技术开发区
	大同经济技术开发区
	晋中经济技术开发区
	晋城经济技术开发区

表3　　　　　　　　　黄河下游省份经济开发区分布

省　份	名　称
山东（15）	青岛经济技术开发区
	烟台经济技术开发区
	东营经济技术开发区
	威海经济技术开发区
	日照经济技术开发区
	潍坊滨海经济技术开发区

续表

省　份	名　　称
山东（15）	临沂经济技术开发区
	邹平经济技术开发区
	招远经济技术开发区
	德州经济技术开发区
	明水经济技术开发区
	胶州经济技术开发区
	聊城经济技术开发区
	威海临港经济技术开发区
	滨州经济技术开发区
河南（9）	郑州经济技术开发区
	漯河经济技术开发区
	鹤壁经济技术开发区
	开封经济技术开发区
	许昌经济技术开发区
	新乡经济技术开发区
	洛阳经济技术开发区
	红旗渠经济技术开发区
	濮阳经济技术开发区

表4　　　　　　　　　　黄河流域自由贸易区分布

黄河流域	名　　称	时　间
上　游	中国（四川）自由贸易区	2017 年 4 月
中　游	中国（陕西）自由贸易区	2017 年 4 月
下　游	中国（河南）自由贸易区	2017 年 4 月
	中国（山东）自由贸易区	2019 年 8 月

　　根据上述各表总结的国家经济技术开发区和自由贸易区的分布情况，可以大体描绘出黄河流域开放的轮廓现状。自"一带一路"倡议及黄河流域经济带建设发展以来，黄河流域沿线各省区发挥自身优势，着力打造开放、高效的经济技术开发区、自由贸易区，在进出口

贸易和外商投资领域取得了不错的成绩。2020 年 1～7 月，黄河流域 9 省区外贸进出口总值 2.22 万亿元，占全国外贸进出口总值的 13%。黄河流域的外贸进出口总值规模从 2010 年的 1.7 万亿元上升到 2019 年的 3.3 万亿元，年均增速达到 7.6%，高出同期全国平均增速 2.5 个百分点。但与长江流域相比仍有较大差距，2017 年长江流域外贸进出口总额为 1.78 万亿美元，占全国比重超过 40%；黄河流域外贸进出口总额为 0.4 万亿美元，仅相当于长江流域的两成。黄河流域外贸进出口总额占全国的比重仅为 10.3%，实际利用外商直接投资金额占全国比重仅为 9.3%，比 GDP 占全国的比重低 10 个以上百分点。整体来看，黄河流域的对外开放程度有待进一步提高。

（二）经济发展水平不均衡，高质量对外开放基础薄弱

黄河流域开放取得了一定成效，黄河一直"体弱多病"，水患频繁，当前黄河流域仍存在一些突出困难和问题。究其原因，既有先天不足的客观制约，也有后天失养的人为因素。可以说，这些问题，表象在黄河，根子在流域。黄河流域对外开放程度低，黄河流域 9 省区货物进出口总额仅占全国的 12.3%。全国 14 个集中连片特困地区有 5 个涉及黄河流域。黄河流域进出口贸易低迷，部分区域经济发展水平亟待提升。

如表 5 所示，黄河流域上游省区青海、四川、甘肃、宁夏、内蒙古的 GDP 占全国比重分别为 0.3%、4.7%、0.4%、0.9%、1.7%，总计 8.0%；中游省份陕西、山西的 GDP 占全国比重分别为 2.6%、1.7%，总计 4.3%；下游省份河南、山东的 GDP 占全国比重分别为 5.5%、7.2%，总计 12.7%。黄河流域各省区总计占全国比重为 25%，在体量上具有较高战略地位。

表5　　　　　　　　　2019 年黄河流域 9 省区 GDP 及其占比

黄河流域	省区	GDP（亿元）	占比（%）	合计（%）
上游	青海	2966	0.3	8.0
	四川	46616	4.7	
	甘肃	3749	0.4	
	宁夏	8718	0.9	
	内蒙古	17213	1.7	
中游	陕西	25793	2.6	4.3
	山西	17027	1.7	
下游	河南	54259	5.5	12.7
	山东	71068	7.2	

表 6 展示了黄河流域 9 省区人均 GDP 与排名，不难发现，黄河流域整体人均 GDP 排名较低，下游和中游地区相对较好，而上游地区经济基础较薄弱。

表6　　　　　　　　2019 年黄河流域各区域人均 GDP 及其排名

黄河流域	省区	人均 GDP（万元）	人均 GDP 排名	排名数值相近的国家及世界排名
上游	青海	4.9	22	秘鲁（83）
	四川	5.6	18	加蓬（77）
	甘肃	3.3	31	汤加（101）
	宁夏	5.4	20	博茨瓦纳（78）
	内蒙古	6.8	11	阿根廷（66）
中游	陕西	6.7	12	黎巴嫩（67）
	山西	4.6	27	白俄罗斯（84）
下游	河南	5.6	17	加蓬（77）
	山东	7.1	10	墨西哥（64）

表 7 展示了 2019 年黄河流域各省区的进出口总额与外商投资总额。与经济总量不同，在对外经贸领域，黄河的上游及中游地区均显乏力，而下游区域几乎等于上游与中游的总和，可见从对外商贸规模的维度看，黄河流域整体对外开放是不均衡、不充分的。

表7　　　　　　　　　　　黄河流域各区域对外经贸情况

黄河流域	省区	外商投资总额（亿美元）	占比（％）	合计（％）	进出口总额（亿美元）	占比（％）	合计（％）
上游	青海	78.3	0.1	4.7	5.4	0.0	2.6
	四川	2890.6	3.3		980.6	2.1	
	甘肃	256.2	0.3		55.1	0.1	
	宁夏	264.6	0.3		34.9	0.1	
	内蒙古	584.2	0.7		159.1	0.3	
中游	陕西	1212.9	1.4	2.2	510.5	1.1	1.6
	山西	701.4	0.8		209.7	0.5	
下游	河南	1163.1	1.3	7.8	824.7	1.8	8.3
	山东	5754.3	6.5		2963.0	6.5	

　　黄河流域开放程度的不均衡、不充分也是其经济发展不均衡、不充分的体现，2019年黄河流域人均可支配收入为26054元，为全国平均水平的84.8％，仅相当于长江流域发达省份的一半左右；从人口总量上来看，黄河流域人口占全国总人口的30.04％，而地区生产总值仅占全国的24.97％。整体来看，黄河流域经济发展水平与全国平均水平尚有差距，基础设施较差，对外开放的难度更高，特别是上游地区交通基础设施仍需完善，由于地理原因，交通干线建设较为缓慢，影响了对外开放的进度。黄河流域9省区发展程度参差不齐，从居民人均可支配收入来看，仅山东略高于全国平均水平，内蒙古接近全国平均水平，其他省区约占全国人均可支配收入的77％～80％，甘肃占比最低，仅为62.3％。想实现高水平对外开放，完善的基础设施必不可少。黄河流域经济发展整体水平仍低于全国平均水平，考虑到较为特殊的地理因素、气候因素等影响，交通运输便捷性较差、成本较高。此外，黄河流域人才聚集性较差，核心城市的人口聚集效应和经济对外辐射范围有待提升。总体来看，黄河流域实现全方位高水平、高质量的对外开放仍面临较大挑战。

（三）竞争过度，区域一体化联动发展不足

从黄河流域各区域层面看，上中下游分别具备不同的区位优势，但未形成区域一体化联动发展。黄河流域 9 省区在对外开放的规划上，缺乏立足于自身禀赋、特色鲜明、优势互补的整体发展格局，未在整体区域间形成有效配合和良性互动。

在区域功能开发上，各区域应协调配合，统筹布局诸如交通基础设施、水利工程等大型基础设施建设，促进区域间和国际合作。我们应发挥制度优越性，集中力量办大事，在重大事项上实现区域一体化设计、建设、发展，整体规划、统筹，系统推进，从而实现区域联动发展，推动黄河流域进一步提升对外开放程度和水平。

在区域特色开发上，目前，黄河中上游各省区都将部分重点放在与"一带一路"的对接上，各自为战，缺乏分工合作。明确的规划能够促进黄河流域不同地区形成更为优化的产业集群，避免内部过度竞争。长江流域各地已基本实现不同产业重点分工，而黄河流域尚未形成具有各地特色的标志性产业，一二产业在黄河流域特别是上游地区占比较大，整体缺乏创新活力。从区域整体开发来看，黄河流域还存在科技、人才、资本等高端要素缺乏等问题。因此，必须对黄河流域进行整体规划建设，强调合作共赢，减少竞争损耗。

纵览黄河流域各区域的开放现状不难发现，虽然开放平台建设具有一定成效，但由于缺少整体规划和区域协同，没有充分发挥黄河流域上中下游各地区的比较优势，以致开放城市或区域大多呈现点状分布，相互之间缺乏联系，规模效应不足，内部协同程度低，经济增长的内部需求乏力，外部通道也相对有限；同时部分区域的开放平台建设趋同程度高，竞争过度而合作不足。所以有必要进一步整体提升黄河流域的开放效能，根据上中下游的区位特征和所属省区的比较优

势，有针对性地构建具有整体规划的开放平台，避免"一哄而上"，进而实现更高水平的开放平台建设。

三、进一步打造黄河流域高水平开放平台的政策建议

打造高水平对外开放平台，需要顶层设计、整体布局，因地制宜，因势利导，依托黄河流域各地区的要素禀赋，挖掘不同地区区位优势，有针对性地构建各具特色的开放高地，形成区域间协调配合、良性互动的发展格局，真正使黄河流域上中下游充分融入以国内大循环为主体、国内国际双循环相互促进的新发展格局，助力高质量发展。

（一）黄河流域上游地区应着力打造国际地方经贸合作平台

黄河上游地区优质的发展要素相对稀缺，生态保护压力更大，应防止大拆大建的城镇化，应有针对性地发展特色产业，同时发挥空间优势，加强对外经贸协作，进一步提升开放层次，成为西部地区对外联通的突破口。应不断增强经济基础，保持发展态势，提升综合实力，为发展外向型经济创造坚实基础。

应做到对内开放与对外开放并行，加快开放步伐，以内部市场为对外经贸协作提供支撑，以外部开放为腹地发展创造活力。在对内开放上，应加强创新合作，发挥协作优势，提升黄河上游区域与东中部地区互动合作水平，统筹产业布局，扩充价值链、产业链、创新链，以科研人才驱动科技创新，在新能源、新材料、生物医药、高原特色农业等具有区域经贸合作比较优势的产业集群上努力做大做强；应打造产业转移示范区域，培育出口生产基地、区域营销网络基地等经贸发展增长点，加快建成具有较强影响力的内陆开放战略高地；加快沿

江、川藏、渝昆、西成铁路高铁的规划建设，为进一步夯实对内经贸往来的交通基础提供新支撑。在此基础上，制定出台鼓励贸易促进政策，提升开放条件，不断开创东西双向互济发展的新局面。

在对外开放上，应抓住"一带一路"建设的战略窗口，对接沿线国家、相关领域、配套产业，大力建设诸如中巴、孟中印缅等对外经济走廊，通过开展多层次的区域经贸交流合作，打造面向国际的内外联通新平台。具体来看可从四个方向拓展开放：向北拓展，可积极推进中蒙俄经济走廊建设；向南拓展，依托陆海新通道，联结粤港澳大湾区、北部湾经济区，全力开通东南亚国际市场；向东拓展，借由长江经济带，实现对东部地区和日韩区域高质量产业集群的有效承接；向西拓展，凭借中欧班列、"空中丝绸之路"等泛欧通道路径，实现与欧洲部分国家的高质量经贸往来。

（二）黄河流域中游地区应着力打造区域协同开放平台与世界文明交流平台

黄河中游地区资源相对集中，应充分发挥资源的规模效应和协同效应。内蒙古地处黄河流域上游和中游分界点，区位特殊，应大力发挥内蒙古区域的枢纽地位，进一步加强区域中心城市能源开发利用和分配能力，以内蒙古区域为支点，盘活中游，疏通上下游，进而着力打造区域协同开放平台。

对于内蒙古来说，一方面增强对黄河"几"字弯城市群的支撑能力，促进呼包鄂乌一小时经济圈协同发展，统筹范围内 7 个盟市的发展路径，推动城乡融合发展，进而促进内蒙古黄河流域生态保护和高质量发展。应强化呼和浩特中心节点地位，促进人才、资金等各类要素向呼包鄂乌一小时经济圈聚集。应推进区域新型城镇化，尤其发挥旗县的承载功能，协调带动区域产业布局，打造区域协同发展新格局。应促进开放协同联动，加快开放内蒙古黄河流域口岸，为区域互通往来拓展新路径。应加强与沿黄省区各流域生态环境保护合作和基础设施对接，努力建成京津冀核心协作区，对接市场与资源、需求与供给，打造高质量区域协同开放平台。

另一方面，以西安、太原以及下游的郑州等省会城市为中心，充分发挥郑洛西高质量发展合作带的战略支点作用，在发展经济基础的同时，着力打造世界文明交流平台，构建中下游结合的纽带，以传统文化为积淀、以中国故事为载体，对内寻求文化认同，对外促进文明交融，为构建高水平开放平台注入精神动力。

应加强区域文化协同，充分挖掘黄河流域中下游地区历史文化资源，梳理区域之间文化历史脉络，大力推进文化互通交流，积极构建文化配套的服务产业，打造一张华夏文明的高质量名片。依托区域内的文脉禀赋，协同推进文化旅游产业，努力形成具有世界知名度和影响力的文化旅游品牌，全力打造文化交流中心，并建立配套的文旅产业集群，以产业发展促进中外文明对话、各国文化交流。在加快西安、洛阳等地国际人文交流中心建设，深入剖析文明精神内核，大力弘扬优秀传统文化，坚持大手笔、大格局、大气魄的同时，也应关注活跃在现实生活中的文化之发展，既展现文明的宏大，也展现文明的生动。

（三）黄河流域下游地区应着力打造高端产业融合平台与科技创新合作平台

下游地区在多种要素方面具备比较优势，地理位置、劳动力和资源较为丰富，经济基础较好，但更应注意高质量发展，形成可持续发展新动能，扩大大型城市规模，助力产业和创新资源集聚，打造具有国际竞争力的高端产业融合平台与科技创新合作平台。

进一步改善营商环境，吸引高科技创新企业。营商环境是区域发展的名片。随着我国对外开放进一步扩大，区域间、国际间可能形成同质竞争，为吸引具有高附加值的企业、产业在黄河流域下游地区形成聚集，必须提升自身竞争优势，以更加公平、透明、自由、开放的营商环境迎接创新型企业。要充分了解、分析高新技术企业和产业的需求，有针对性地提供相应的配套服务，为投资者、企业家提供可信赖、可预期的营商环境，以营商环境优势赢得创新开放胜势。降低高端制造业和高创新能力企业的准入门槛，吸引高附加值产业和企业入驻，提升高科技企业密度，搭建创新产业链、供应链平台，形成企业和区域发展的良性循环。

充分利用人才和区位开放优势，打造高科技产业集群。黄河下游区域拥有较高的经济发展水平和对外开放优势，同时拥有劳动力和人才优势，有利于在重点科技领域形成高水平对外开放与合作。借助区域内部优质高校和优秀人才，着力推进诸如人工智能、生物技术、超级计算中心、医药研发等具有高附加值的核心技术的发展和突破。明确重点领域，推进自主研发和技术突破，形成一批具有国际领先水平的自主知识产权核心领域，培育一批具有持续创新能力的国际领先企业，在重点领域形成聚集效应，推动产业链升级，打造具有国际竞争力的高端产业集群。借助经济开发区、自贸试验区等平台，聚集一批具有国际影响力的全球性机构，不断增强发展效能，实现增长极的带动效应。

坚持改革创新、开放合作，在打造高端产业融合平台的同时，应大力推进科技创新平台建设，全力创建科技研发与高质量创新中心，优先布局建设国家级创新平台和大科学装置，打造"双创"升级版，为高质量发展提供长期增长动能。

加强区域间协调合作，实现资源对接和优势互补。构建区域间统筹协调机制，根据黄河流域 9 省区禀赋优势，整体规划定位，形成资源优势互补的产业链、供应链集合，实现区域间相互支持、良性互动的局面。形成不同自由贸易区、经济技术开发区的功能划分，加强区域内部自主创新实验区之间的知识共享和资源对接，结合产业和区位人才优势，建成高质量科技创新平台，打造黄河流域对外开放高地和高科技创新走廊。

执笔人：王　詠

专题九

世界大江大河流域开发的经验与启示

　　人类社会经济历史的发展在空间上往往是与大江大河流域的开发密切相关的，欧洲的莱茵河、多瑙河流域，美国密西西比河流域，南美亚马孙河流域以及印度恒河流域等，多年来一直与当地社会的经济发展相互影响和作用。在这个过程中，人类从盲目自大的掠夺式发展到谋求与自然的和谐共处，其间积累了大量的智慧和经验。欧美在国际流域的开发治理历史较长，有许多成熟的经验可以借鉴；巴西、印度与中国同为发展中国家，发展阶段相似，其在流域开发治理过程中的教训和经验对于中国也具有重要的参考价值。

一、欧洲多瑙河和莱茵河流域开发的成就和经验

（一）莱茵河与多瑙河流域发展概况

　　莱茵河是极具历史意义和文化底蕴的欧洲大河，也是欧洲境内世界级别的工业运输动脉，其自南向北流经瑞士、列支敦士登、奥地利、德国、法国、荷兰等6个国家，流域人口约5800万，流域生产总值约占全欧洲的1/2，年货运量在3亿吨以上。早在19世纪初期，莱茵河流域就凭借其优越的地理位置、温和的流域气候以及充沛的降水成为

欧洲最具开发潜力的河流之一。第二次世界大战后，由于工业化、城镇化和现代化进程加快，使得莱茵河流域资源消耗剧增，水资源开发过度，重化工企业聚集，由此带来洪水频发、水体恶化、废物污染等一系列生态环境问题，严重威胁到流域居民生活健康和生态系统安全。在此背景下，莱茵河流域内各国开始意识到对流域进行治理与开发的重要意义，成立了保护莱茵河国际委员会（ICPR），并先后制定了《莱茵河行动计划》《莱茵河 2020 年行动计划》以及《莱茵河 2040 年行动计划》，结合流域发展阶段制定不同的开发治理目标与措施，以促进莱茵河流域的可持续发展。

多瑙河是跨越欧盟边界的欧洲最大河流、欧洲重要的运输廊道，其自西向东流经奥地利、斯洛伐克、匈牙利、克罗地亚、塞尔维亚、保加利亚、罗马尼亚、摩尔多瓦、乌克兰等国家，流域人口约 8300 万。多瑙河流域水能、湿地和生物资源丰富，为流域内各国的社会经济发展提供了天然的禀赋优势。与莱茵河流域相同，20 世纪中期，随着多瑙河流域人口和经济的增长，流域内航运灌溉等开发活动逐渐频繁，湿地萎缩、水体污染、平原消失等问题突出，为流域内的经济发展带来了挑战。[①] 在此情况下，保护多瑙河国际委员会（ICPDR）应运而生。数十年间，以《多瑙河保护与可持续利用合作公约》《水框架指令》《多瑙河地区战略》等文件为指引的政策措施对多瑙河流域在水质保护、应对环境风险、国际航运、洪水管理等方面的开发治理起到至关重要的作用，进一步促进了多瑙河流域的生态安全稳定和经济共同繁荣。

---

① Helmut Habersack, Thomas Hein, Adrian Stanica, Igor Liska, Raimund Mair, Elisabeth Jäger, Christoph Hauer, Chris Bradley. Challenges of river basin management: Current status of, and prospects for, the River Danube from a river engineering perspective. Science of the Total Environment, 2016, 543.

（二）莱茵河与多瑙河流域的主要开发和治理历程

1. 莱茵河与多瑙河流域的主要开发历程与成就

莱茵河与多瑙河流域的开发主要经历了由"航运为先"的单目标模式到"航运水电并重"的多目标模式，再到"综合开发目标"三个阶段。

多瑙河是世界极具战略意义的重要航运通道，而莱茵河更是有"黄金水道"的美誉。从 18 世纪开始，莱茵河与多瑙河沿岸国家将发展航运作为莱茵河与多瑙河流域开发的首要目标。主要的措施包括：通过把船型、航道建设、导航标志、港口服务管理和物流信息化等软硬件标准化，以加强航运标准化体系建设；采取整治和疏浚相结合的办法，以改善莱茵河中上游通航条件；以建设堤防、修筑堰坝以及开挖人工运河等工程手段提升流域河网的通航能力等。

在流域航道网络体系较为成熟的情况下，20 世纪以来，沿岸国家充分利用莱茵河上游地势较高、多瑙河水资源丰富、河流落差较大的有利条件，将水电资源的梯级开发作为莱茵河与多瑙河流域开发的又一重要目标，在不影响航运功能的前提下，开始在莱茵河干流积极兴建水电站和水利枢纽，多瑙河沿岸国家也开始了全河的渠化工程和水电开发方面的合作。[①] 由于莱茵河与多瑙河国际河流的性质，沿岸国家通常会在水电站建设之前共同商榷并以签订合作协议的方式确定规划、设计、投资及配电方式，同时广泛采用计算机建立发电联网供电调节系统，进行跨区域的供电调度，以实现电站的自动化管理。目前，莱茵河与多瑙河是流域范围内电力生产的重要力量，为欧洲多国的能源安全提供保障。

---

① 胡文俊、陈霁巍、张长春："多瑙河流域国际合作实践与启示"，《长江流域资源与环境》2010 年第 19 卷第 7 期，第 739 页。

随着流域内航运资源和水资源被逐步开发、合理配置以及充分利用，莱茵河与多瑙河流域的城市和港口的建设一马当先，沿河产业带逐渐成形，极大地推动了沿岸国家现代化和城镇化进程加快。莱茵河与多瑙河流域的开发也进入到以综合开发为目标的阶段，即通过借助流域腹地支撑，形成产业辐射带动模式，推动形成流域内相互促进、共同繁荣的经济产业发展格局。流域沿岸国家通过以港兴产、产城融合和港城联动的发展策略展开跨国跨区域的经济合作，以实现产业的升级和转型及其在流域内的转移和布局，莱茵河与多瑙河流域龙头带动、共同繁荣的港口与腹地产业合作模式进一步推动了沿岸国家产业和经济的长足发展。① 目前，沿莱茵河与多瑙河干流已经形成了包括巴塞尔—米卢斯—弗莱堡、斯特拉斯堡、莱茵—内卡、莱茵—美因等在内的世界闻名的化学工业、装备制造、食品加工和金属冶炼产业基地。

2. 莱茵河与多瑙河流域的主要治理历程与成就

莱茵河与多瑙河的沿岸国家充分利用河流的自然禀赋，把开发建设放在优先位置考虑，将实现发达的流域经济作为国家经济建设的重要目标。伴随航运、水电和产业开发而来的，还有污染、洪水、资源紧缺等一系列生态环境问题，在此背景下，莱茵河与多瑙河流域治理也经历了由"先开发后保护、先污染后治理"到"资源和环境协调发展"的两个阶段。

莱茵河流域与多瑙河流域的治理分别围绕保护莱茵河国际委员会（ICPR）和保护多瑙河国际委员会（ICPDR）及其依据莱茵河与多瑙河发展状况在不同阶段制定的行动计划展开。

---

① 叶振宇、汪芳："德国莱茵河经济带的发展经验与启示"，《中国国情国力》2016 年第 6 期，第 65～67 页。

ICPR 于 1987 年成立，以"成员的共同认识作为合作的基础，只有取得共识，才能形成真正的合作"为原则，主要的工作包括：加强跨国合作，共担治污责任；制定水质标准，严格执行法律；完善环保设施，控制排污总量；充分调动企业，实行清洁生产和废物再利用；统一监控水质；制定治理长远规划等。[①] 1987 年的《莱茵河行动计划》明确提出控制有害污染物的排放和鲑鱼重返莱茵河的目标。2001 年的《莱茵河 2020 年行动计划》则是从恢复生态系统、减少洪水风险、提高环境质量、保护地下水以及流域综合监测方面提出相应措施。最新的《莱茵河 2040 年行动计划》把工业、农业、航运、渔业和水电开发等经济活动纳入莱茵河可持续管理框架，以气候变化情景下流量预测、经济社会发展用水需求预测、流域水温情景预测、加强与利益相关方合作等措施对莱茵河流域进行管理，以实现资源利用与生态系统保护的协调，保护莱茵河生态系统安全[②]。

ICPDR 于 1994 年成立，成员国签署了《多瑙河保护与可持续利用合作公约》，确立了"多瑙河流域环境保护是多方参与才能完成的目标"的理念。ICPDR 从流域层次、双边或多边层次和国家层次出发致力于多瑙河治理的政策制定。2000 年，ICPDR 成员国承诺执行欧盟《水框架指令》；2009 年，ICPDR 各国又共同制定了《多瑙河流域管理计划》；2015 年，《多瑙河流域管理计划》根据实际情况进行了更新，一方面建立了系统的多瑙河环境问题分析机制，另一方面从整体和局

---

① Euler J，Heldt S. From information to participation and self-organization：Visions for European river basin management. ence of the Total Environment，2018，621：905–914.

② 张敏、刘磊、蓝艳、荆放："《莱茵河 2020 年行动计划》实施效果评估结果及《莱茵河 2040 年行动计划》主要内容——对编制黄河生态环境保护规划的启示"，《四川环境》2020 年第 39 卷第 5 期，第 133~137 页。

部两方面提出了相应的应对措施。① ICPDR 在水污染防治、防洪减灾等方面开展了大量工作，引入了风险管理、公众参与和流域综合管理等先进理念，协调各国建立污染监测系统，从减污、防洪、资源合理开发等多方面制订系列行动计划，极大地改善了多瑙河流域的环境质量。

（三）莱茵河与多瑙河流域的开发治理经验总结

1.“航运为先，水电并重”的流域开发模式

莱茵河与多瑙河流域的开发在早期都以“优先发展航运”为开发目标，通过对航道、港口、铁路、公路等各类基础设施的建设，形成了相互贯通的综合物流产业发展模式。而后以“水电建设”为发展重点，利用流域降水丰富、落差较大的自然优势，大规模地兴建水电站和水利枢纽，“航运为先，水电并重”的流域建设模式共同实现了对河流资源的合理、多元和充分的利用。莱茵河与多瑙河流域国家的航运开发始终坚持“因段制宜、综合开发”的方针，通过持续的渠化干流、修建运河等措施，以拓宽航道、提高通航能力。② 同时沿岸国家还注重铁路、公路等陆运基础设施的建设，共同构成莱茵河与多瑙河流域经济带的货物运输通道，实施长距离运输以铁路、水路为主，两头衔接和集疏则以公路为主的物流发展战略，充分发挥每种交通运输方式的优势，在河流沿岸规划建设多个货运中心，形成沿岸现代物流体系。③ 在“水电建设”方面，沿岸各国积极修建水电站和水利枢纽，

———————

① 徐国冲、何包钢、李富贵：“多瑙河的治理历史与经验探索”，《国外理论动态》2016 年第 12 期，第 123～128 页。

② 胡文俊、陈霁巍、张长春：“多瑙河流域国际合作实践与启示”，《长江流域资源与环境》2010 年第 19 卷第 7 期，第 739 页。

③ 刘松、张中旺、任艳、赵岗：“莱茵河开发经验对汉江综合开发的启示”，《农村经济与科技》2012 年第 23 卷第 4 期，第 13～14 页。

同时将输油管道、输气管道、电力干线沿莱茵河、多瑙河分别向南北延伸，共同构成流域的能源运输通道，为沿岸各国的产业和经济发展提供了强大的能源保障。

2. 因地制宜的产业升级与跨区域的产业合作

现阶段，莱茵河与多瑙河流域的开发主要是以综合开发为目标，即在利用流域资源的前提下，基于自身禀赋和功能定位，因地制宜地进行产业升级和转型，同时考虑流域整体的经济建设，通过跨区域的产业布局和分工，进一步加强流域内的经济联系，促进流域经济带的成形与成熟。例如，莱茵河与多瑙河经济带内曾经分布着法国洛林工业区、德国鲁尔区、比利时沙城工业区等众多老工业区，当地政府通过投资促进产业转型升级，把旧建筑改造成技术研发中心、设计中心、文化创意中心和工业旅游区等，逐步恢复经济活力。大量企业将生产基地逐步转移到发展中国家，同时把宝贵的土地空间用于发展高新技术产业，在莱茵河与多瑙河流域率先进驻了一大批信息空间、通信、生物、环保等新兴产业。[①] 在沿岸国家进行产业升级和转移的基础上，各国还突破行政地理边界，积极探索跨区域的产业合作模式。沿河上下游，通过合理的产业分工、布局和集群，形成以"港口城市—沿江产业带—流域经济区"为载体的"点—轴—面"式产业空间发展模式，促进流域产业合作的进一步深入。

3. 完善的流域合作治理组织与机制

莱茵河与多瑙河的流域治理最突出的经验即在于分别建立了流域治理的合作组织和机制，为流域的合作治理创造了核心条件。莱茵河与多瑙河流域的沿岸国家虽然国情和经济发展水平存在差异，但都不

---

① 孙博文、李雪松："国外江河流域协调机制及对我国发展的启示"，《区域经济评论》2015年第2期，第156~160页。

同程度地受到流域生态环境问题的影响，沿岸国家具有治理河流的共同愿望与目标，这为 ICPR 和 ICPDR 的成立奠定了基础。ICPR 和 ICP-DR 也由此开始发挥其在流域治理方面的纽带作用。ICPR 和 ICPDR 主要有两部分：一部分是政府之间的合作机构，另一部分是非政府组织机构，两者相互协调合作，共同构成莱茵河与多瑙河跨国合作机制。该合作机制又主要包括三个层次：第一个层次是权力机构，包括全体会议和协作委员会，负责作出治理决策；第二个层次是项目组，负责在决策通过后实施战略措施；第三个层次是专家组，负责专项工作的实践和项目优化建议。[①] 此外，除了政府和非政府机构之外，还同时将普通公众、企业、新闻媒体等利益相关者纳入架构中，以实现多元主体、多层次、多功能的治理合作。ICPR 和 ICPDR 有利于凝聚沿岸国家的治理力量，在流域范围内展开国际性的协同治理，并对治理情况予以监督。

4. 健全的流域合作治理制度与规划

在具备合作治理的组织的基础上，莱茵河与多瑙河流域合作治理的顺利进行也离不开明确的合作治理制度和方向。莱茵河与多瑙河流域治理的制度保障主要包括四大机制。第一是综合决策机制，该机制的核心在于各流域国家应在委员会的统筹下，基于人口、资源、环境与经济协调发展的原则，共同对流域开发和治理方面的各大关键事项进行商议并得到一致结论，制定符合可持续发展目标的决策；第二是沟通与协调机制，即通过设定合理的协调机制，节约合作治理的成本，合理筹措和投入资金，激励各国为集体作贡献；第三是政府间信任机制，通过树立各国政府利益和责任共同体意识，强化认同感，使流域

---

① 翁鸣："莱茵河流域治理的国际经验——从科学规划和合作机制的视角"，《民主与科学》2016 年第 6 期，第 39~43 页。

内的各地方政府意识到共同治理污染的重要性和紧迫性，以促进各政府更好地进行跨国治理合作；第四是流域环境影响评价机制，要求流域国家在启动新的经济项目之前对即将实施的有关项目从经济、社会、环境等多角度进行跨界影响评价，同时还将项目提交给流域管理机构和国际组织进行评价，以实现提前预警和预估的流域管理。[①] 此外，在合作治理的内容方面，保护委员会适时地根据流域发展现状设定现阶段的流域治理目标，相应制定了包括《莱茵河行动计划》《多瑙河保护公约》《多瑙河流域管理计划》等在内的连续、系统、针对性的流域治理规划，每一个规划下又分有多项子行动计划，在合作治理的制度保障下明确各国在规划中的行动分工，以推动治理行动的落实，完成阶段性的治理目标，并对未来的治理方向和方式提供指引。

5. 开发与治理协同发展的流域管理准则

早期莱茵河与多瑙河流域的发展共同经历了先开发后治理的阶段。现阶段，随着跨国跨区域的流域经济合作和保护合作进一步深化，开发和保护的协同发展成为莱茵河与多瑙河流域经济与生态建设的基本准则。[②] 沿岸国家之间合作往来促进了人才、技术、资金等要素的自由流动，使得特色鲜明的沿河产业布局形成的同时，各国也能通过分工协作对流域展开治理。目前，莱茵河与多瑙河开发与保护协同发展的过程中，各国对流域的监测和预警至关重要，统一的监测预警技术能够及时对经济活动可能对流域环境质量产生的影响作出预判，从

---

① Feldbacher Eva, Paun Mihaela, Reckendorfer Walter, Sidoroff Manuela, Stanica Adrian, Strimbu Bogdan, Tusa Iris, Vulturescu Viorel, Hein Thomas. Twenty years of research on water management issues in the Danube Macro-region-past developments and future directions. . The Science of the total environment, 2016, 572.

② 李烨、余猛：“国外流域地区开发与治理经验借鉴”，《中国土地》2020 年第 4 期，第 50~52 页。

而提前采取相应的治理措施。莱茵河与多瑙河流域保护委员会通过建立健全流域监测制度，统一监测标准，实现对水质和生物指标的综合监测和动态分析[①]，同时建立上下游信息共享制度，以监测为抓手促进政府、企业、公众共同参与流域治理，以在发展流域经济的同时最大限度地降低对流域生态环境和安全的影响。

二、美国密西西比河流域开发整治的成就和经验

（一）美国密西西比河流域的治理概况

密西西比河是美国最大的河流，也是世界第四长河，流程约6021千米，流域面积达322万平方千米，覆盖了美国本土面积的41%，该流域的经济总量与人口约占美国总量的1/3。流域地区土地肥沃，是美国的主要粮产区，矿产资源丰富，为流域内工业城市的发展提供了原始动力。[②] 流域航运十分发达，是美国南北航运动脉，并有多条运河与五大湖及其他水系相连，构成了一张巨大的水运网，承载着全美国约2/3的货运量。[③] 其中田纳西河是密西西比河的二级支流。

20世纪初，因长期以来忽视对密西西比河流域的综合治理，导致该流域灾害频发，水土流失严重，尤其是中下游洪水灾害不断，经济建设无法推进，甚至对沿岸居民的生产生活造成了严重威胁。同时该流域内湿地不断消失，三角洲面积不断萎缩，河流紊乱，水质下降且

---

① 姚雪艳、姬凌云："跨国河流洪水风险管理及其对我国跨省河流管理的启示——以多瑙河流域、莱茵河流域为例"，《中国防汛抗旱》2018年第28卷第5期，第53～59、63页。

② 张万益、崔敏利、贾德龙："美国密西西比河流域治理的若干启示"，《中国矿业报》2018年7月3日，第1版。

③ 张攀春："国外典型流域经济开发模式及对中国的借鉴"，《改革与战略》2019年第35卷第7期，第9～15页。

富营养化严重，生物多样性受到严峻挑战。对密西西比河流域的综合治理肇始于 20 世纪 30 年代经济危机时期，因"罗斯福新政"大量修建基础设施惠及该流域。对密西西比河流域的治理，从对田纳西河的治理开始，成立了田纳西河流域管理局（TVA），开始了对该流域的综合治理，大举修建水利设施，并加强对该流域生态环境的保护。经过几十年的实践，该流域面貌大为改观，改变了落后面貌，使得世界瞩目。

（二）美国治理田纳西河流域的经验

1. 不断完善的法律法规为田纳西河流域整体治理提供法律保障

田纳西河流域十分广袤，流程经过 7 个州，而美国是联邦制国家，各州拥有比较自主的权利，因此只有通过在联邦层面立法，才能真正对整个田纳西河流域进行综合治理。美国在 1933 年通过《田纳西河流域管理局法案》，成立田纳西河流域管理局（Tennessee Valley Authority，简称 TVA）。根据法案规定，TVA 要为了航行、防洪和供电的目的改善田纳西河；使政府拥有的亚拉巴马州马瑟尔斯化工厂设施符合国防和该地区农业的需要；与各州和地方合作进行研究和调查，以促进田纳西河流域及毗邻地区"有序、适当的物质、经济和社会发展"。[①] 在此之后，《田纳西河流域管理局法案》随着流域的开发和管理的变化，不断被修改和补充，而田纳西河流域管理局因为被赋予制定流域内行政法规的权力，也不断出台与流域治理相关的法规，使得对田纳西河流域治理的所有具体措施都有坚实的法律保障。

2. 跨区域统一管理，杜绝"多龙治水"乱象

根据《田纳西河流域管理局法案》，TVA 依法对田纳西河流域的

---

① The Tennessee River Valley: a case study. Ekistics, 1960, 10 (60).

自然资源进行统一管理和开发，拥有对流域内所有水资源的统一调度权，在整体上不受联邦政府其他部门和地方政府的干涉，权力高度集中，是一个既有实权又兼顾协调性的机构，这样避免了因多个机构共同开发管理而导致的相互争夺资源、遇事扯皮、相互推诿的现象。

　　TVA 按照促进流域内航道改善、防洪基础设施建设，利用水利资源生产电力以发展经济的思想，用 3 年时间对田纳西河流域进行了统一的规划，制定了许多有利于流域长期发展的具体措施。而由于 TVA 权力高度集中，使得其措施实施得十分顺畅，各个部门积极配合，即使有矛盾也可以在 TVA 的统一管理下化解。最开始，TVA 制定的自然资源开发战略包括水资源的开发利用和农业资源的开发。在水资源开发利用战略中，TVA 将防洪、水力发电和通航融为一体，充分开发当地的水利资源进行发电，解决当地电气化问题，并吸引工业布局。在农业资源开发中，TVA 充分利用所掌管的化工厂生产化肥，并派专人指导推广。经过科学的开发，该流域的自然资源被充分利用，改变了当地的落后面貌。后期，随着当地水资源的开发几近完成，TVA 着手发展火电、核电，形成多元式发电结构，将田纳西河流域发展成为稳定且价格低廉的能源基地，不断吸引工业企业来布局，促进当地经济发展，提高了当地居民收入。

3. 政府管理职能和企业经营模式相结合

　　TVA 是联邦政府按照法案成立的全部产权归公的国有企业，既是政府机构，又是企业法人。TVA 主要由董事会和地区资源管理理事会进行管理，董事会由总统提名经国会任命的 3 位成员组成，是 TVA 最高的权力机构，直接对总统与国会负责。董事会下设执行委员会，由 15 个委员主管各方面业务。[①] TVA 的各个职能部门均聘请全美相关领

---

　　①　谈国良、万军："美国田纳西河的流域管理"，《中国水利》2002 年第 10 期，第 157 ~ 159 页。

域的专家来负责，在整体上不受联邦政府其他部门和地方政府的干涉。而且其内部的"地区资源管理理事会"参照现代政府体系，共设20个理事，其中7个由流经的7个州指派，剩余的理事由航运、防洪、水利、发电等各方代表来担任，拥有广泛的代表性，为TVA行政机构的决策提供参考和咨询。

在企业层面，TVA也追求市场经济利益，拥有企业的自主性和灵活性，开始其主要产品是利用水利开发电力和其管理的硝酸盐工厂来研发和生产化肥，后来TVA不断变革适应市场变化和流域内的现实状况，发展核电、火电多元发电模式。同时TVA拥有巨大的自主决策权，其内部机构由董事会自主设置，这些机构根据业务的需求不断变革，各部门之间拥有极大的独立性，其开展的各种措施业务很少受到干扰，而且在统一的领导下，各部门相互协调配合，大大提高了经营的效率。

4. 注重环境保护，走可持续发展的绿色道路

TVA很早就认识到生态环境保护的重要性，因此制定了严格的环境保护政策，TVA的董事会每两年便会对其环保政策进行评估和调整，以期来适应整体的发展战略，确保田纳西河流域的开发治理是可持续的。TVA环境保护的主要措施包括：规划鱼类的有序捕捞和野生动物的繁殖保护；控制疟蚊使该地区几乎消灭了疟疾；对田纳西河河道内和附近区域的工厂加强管理，以改善城市和工业用水的质量；修建水坝减少洪水灾害，据估算，依靠TVA修建的水利设施已经为该区域避免了数十次的洪水灾害；倡导使用清洁能源；通过对河道通航的保护，为沿岸提供便利的水运，减少运输资源的浪费；对发电厂要求安装污染控制设施，以减轻空气污染改善空气质量；重视对自然资源的保护，在流域内开发建设娱乐设施时十分注重对自然资源的影响。

5. 注重民众参与，协调各方利益

因为田纳西河流经地区众多，涉及数百万人口，因此在田纳西河流域作出决策会牵扯到方方面面的利益，十分复杂。TVA 充分考虑了民众的利益，并让公众参与到田纳西河流域的开发治理决策当中来，促进了 TVA 政策在各地的顺利实施。而且在 TVA 内部成立的"地区资源管理会"由于其理事会成员来自不同利益主体，他们代表着多方利益，为 TVA 决策提供了十分有意义的咨询，为其平衡各方利益起到了重要作用。

6. 资金来源多元化

TVA 最开始的资金完全来源于国会的划拨，到1959 年国会累计拨款达 20 多亿美元。来自联邦政府的划拨资产也已累计达 2151.7 万美元。[①] 同时，TVA 还享受联邦、州、县三级免税政策，相当于变相的资金支持，虽然 TVA 每年的经营利润都会向联邦政府上缴，但是联邦政府会以财政拨款的形式进行返还。到 20 世纪 50 年代，随着该地区对电量需求的不断增长，需要投入更多的资金来建设发电厂等基础设施，而受朝鲜战争影响，财政负担巨大，联邦政府开始考虑让 TVA 发债来筹集资金，于 1959 年第 86 届国会通过《TVA 收益债券融资法案》，允许 TVA 以自身电力收益为担保进行债券融资，并于 1995 年开始在国际社会上发行债券进行融资。TVA 通过利用发债融资发电收益偿债的模式，提高了整体的经营效率，使得发电系统的经营成为 TVA 的主要业务，促进了该流域电力生产系统的发展，也让社会分享了 TVA 对田纳西河流域的开发带来的收益。

7. 注重高科技应用和自主研发

TVA 十分重视高新科技在流域综合治理中的应用，在其流域管理

---

① 孙前进. 美国田纳西河流域的电力开发（1933～1983 年）[D]. 西南大学，2010.

中广泛应用遥感技术（RS）、全球定位系统（GPS）、地理信息系统（GIS）和计算机技术等当时先进的技术，大大提高了流域治理的管理水平和工作效率。通过综合运用3S技术（RS、GPS、GIS），TVA采集、储存、管理分析、描述和应用流域内与空间和地理分布相关的数据，对流域内资源的地点、数量、质量、空间分布进行精确的输入、贮存、控制、分析、显示，以便为有关部门科学决策提供保障。① 同时，TVA十分重视对科技的研发和攻关，专门成立了环境研究中心和化肥研究所，积极研究实施可再生能源战略，这些都在全美的相关领域和研发中走在了前列。

三、巴西亚马孙河流域过度开发的经验教训

（一）亚马孙河流域发展概况

亚马孙河为世界第二长河，全长6437千米，流域面积691.5万平方千米，热带雨林大半位于巴西境内。该流域农业、森林、矿产、水资源等都非常丰富。亚马孙河流域是巴西开发最早的地区，却是巴西最不发达的地区，主要原因是流域的资源没有被充分地开发和利用，人口数量少，交通落后，生产力不足。

巴西的新工业化运动使得二战后的工业得到了迅猛的发展。与此同时，巴西国内的发展不平衡问题日益突出，亚马孙河流域与东部经济发达地区的区域经济发展不平衡，为扭转这种现状，巴西政府着手开发亚马孙河流域，以解决亚马逊流域因自然灾害导致的贫困、劳动力过剩等一系列问题。但是毫无节制的开发并没有给巴西人带来巨大的财富，反而对环境带来了不可逆转的破坏。

---

① 谢世清："美国田纳西河流域开发与管理及其经验"，《亚太经济》2013年第2期，第68~72页。

（二）亚马孙河流域开发治理历程

亚马孙河流域的开发从 40 年代持续到 70 年代，总共将近 40 年左右的开发时间。巴西政府 1966 年成立了"亚马逊地区开发管理局"，负责流域的规划和开发管理。1970 年又制定了《全国一体化》规划，采取优惠政策吸引国内外投资，实行联合开发。在流域开发的具体实践上，主要是从能源交通起步，兴建了大型水电站与巨型公路网。在此基础上，开采有色金属并发展冶炼、加工制造业。在农牧业发展上，组织了较大规模的移民开荒、开辟牧场活动，增加了农牧产品产量，也巩固了边境。总体来看，亚马孙河流域经过近 20 年的开发建设，初步改变了贫穷落后的面貌。①

巴西政府开发亚马逊地区的过程虽然最初取得了一些经济成就，但也付出了高昂的环境代价。巴西政府和居民滥砍滥伐，破坏雨林，最终出现了土地荒漠化的后果，带来了严重的生态问题，为大自然带来了不可弥补的伤害，开发的效果不佳，损失严重。

（三）亚马孙河流域开发治理经验教训

1. 缺乏资金和技术支持

亚马逊地区属于热带气候，土壤贫瘠多沙，生态环境非常脆弱，又因为不合理的开发导致了严重的后果。因此，亚马逊流域的治理需要大量资金和技术支持。但是，巴西政府负债累累，亚马逊流域的修复无疑是个难题。巴西的一些环境管理机构由于缺乏资金，只能雇用少量人员，使许多问题无法得到及时解决。在亚马逊地区，每 6000 平方千米仅有 1 个管理处，而在美国每 82 平方千米就有 1 个管理处。缺

---

① 张文合："国外流域开发问题的探讨"，《开发研究》1992 年第 6 期，第 45～49 页。

乏资金和技术支持，严重地限制了亚马逊地区的修复和开发工作。①
对于发展中国家来说，资金和技术往往是解决环境问题的两大瓶颈，
因此，应积极寻求多途径多种方式及国际社会的支持和帮助来努力解
决资金和技术问题。

2. 重经济轻环保的发展模式

生态环境演变与国家政策的联系紧密。在拉丁美洲，环境的状况
和和政策密切相关。巴西作为后发国家，急切想要赶超发达国家。
"二战"后，在全球经济发展的大背景下，亚马逊流域开发成为巴西
经济增长的新的着力点。巴西政府的亚马逊开发计划片面追求经济增
长，忽视了过度开发对环境带来的破坏和影响。政府重经济轻环保的
政策对环境带来了严重的影响，例如税收减免、低息信贷等吸引移民
和外来投资者，却没有考虑到资源开发可能带来的生态代价，经济利
益最大化导向的开发行为严重破坏了环境。②

3. 产权不清

最初亚马逊森林很多是原始森林。拓荒者来到后，砍伐森林，进
行农业生产、畜牧业养殖，或砍伐树木出售。开发初期，相关法律规
定执行不力，对滥砍滥伐等行为缺少约束。并且由于产权不清，一些
定居者在暂时获得林地使用权后，担心使用权短时间内被收回，便更
无节制地砍伐森林。

4. 管理主体行为失范

尽管巴西政府和国家林业发展局制定了很多关于环境保护的法律

---

① 程晶：《巴西亚马孙地区环境保护与可持续发展的限制性因素》，《拉丁美洲研究》2005
年第 1 期，第 67 ~ 71 页、80 页。
② 耿言虎：《巴西亚马逊区域开发的生态反思》，《内蒙古农业大学学报（社会科学版）》
2016 年第 18 卷第 5 期，第 45 ~ 50 页。

法规，但是森林保护法律却没有得到有效执行，这与自然资源管理主体的变化紧密相关。历史上，一直是当地族群和社区在管理和维护森林资源，有着有效的地方规范来进行管理。随着森林资源的国有化，国家林业管理部门转而成为了管理的主体，地方社区成为监管的对象。但是，这种森林管理制度具有较大的劣势，国家林业管理部门的管理者对自然资源缺乏认知，不够熟悉，并且可能出现监管者为自身谋利的行为和严重后果。①

四、印度恒河流域与印度河流域开发的经验教训

（一）印度河、恒河流域的开发治理概况

恒河流域和印度河流域是印度文明的发源地。印度河与恒河是国际跨界河流，印度因国际跨界河流水资源的开发和利用与周边国家的争端由来已久。② 1947 年印巴分治后，印巴两国因印度河上游用水问题发生上下游纠纷，矛盾激化。随后两国政府于 1960 年签署了《印度河水条约》，同时创建了印度河水资源联合管理常务委员会③。为提高加尔各答港口的运输能力，改善城市供水，防止海水进入使土地盐渍化，印度在恒河下游，距孟加拉国边境上游 18 千米处，建了一座长 2203 米的法拉卡大坝④。自 1975 年大坝开始运行以来，印度开始将恒河的水引向巴吉拉蒂—胡格利河。在旱季，恒河水的这种单方面分流

① 耿言虎：《巴西亚马逊区域开发的生态反思》，《内蒙古农业大学学报（社会科学版）》2016 年第 18 卷第 5 期，第 45～50 页。
② 徐福留、赵臻彦、周加桂、曹军、陶澍："南京市江浦县沿长江滁河湿地的开发利用与保护"，《农业环境保护》2002 年第 5 期，第 468～470 页。
③ 张洪雷. 城市绿色用水管理方法研究［D］. 天津大学，2017 年.
④ 钟华平、郦建强、王建生："恒河水资源及印孟水冲突问题"，《人民黄河》2011 年第 33 卷第 6 期，第 44～45、49 页。

在孟加拉国特别是在该国的西南地区造成了严重的环境、社会和经济后果。经过 20 多年的双边讨论，孟加拉国和印度才最终达成协定，于 1996 年签署了一项为期 30 年的条约。为充分利用水资源，印度国家水资源开发署（NWDA）于 2003 年计划实施"内河互联互通工程"①，但这项国际河流的开发利用工程也遇到了周边国家的阻挠。

（二）印度水资源利用方面存在的问题

中印两国在水资源方面面临着相似的困境：水资源短缺、洪涝灾害频仍、水体污染问题突出、农业用水灌溉效率低和污水处理率低等。

为了满足粮食需求，印度扩大了灌溉面积，加剧了水资源短缺。例如，恒河流域和印度河流域的森林砍伐和土地开垦导致了大规模的水土流失和河道淤积。7 条永久性河流已转变为季节性河流，其他 5 条国家河流也未能幸免。印度将面临更严重的缺水问题。

水污染严重。印度几乎所有河流都受到未经处理的工业和生活污水、化肥和杀虫剂的污染。人口增长的压力更加剧了这一问题。尽管印度政府通过了"恒河行动计划"（GAP）来控制河流污染和改善水质，但也只能减少约 35% 的污染，效果有限。

地下水过度开采。在印度，超过 2000 万农民依靠地下水种植作物。地下水过度开采导致许多地方特别是沿海地区的海水入侵和地下水环境恶化。

（三）印度河与恒河流域的开发和管理经验

为了有效利用水资源，印度于 1987 年 9 月制定了《国家水政策》，

---

① 钟华平、王建生、杜朝阳："印度水资源及其开发利用情况分析"，《南水北调与水利科技》2011 年第 9 卷第 1 期，第 151～155 页。

但由于社会、政治和经济等诸多原因，水资源开发和管理还存在着一系列的问题和挑战。2002 年，印度中央政府再次对《国家水政策》进行了审核和修订，对国家水资源开发进行了全面阐述，内容涉及水资源规划、开发、利用和管理政策等具体事项 25 项。[①]《国家水政策》是一套比较完备的政策体系，对印度水资源的开发和利用有着广泛深远的影响。

科学发展农业，发展节水灌溉。印度节水灌溉取得的成功举世瞩目。印度农业灌溉历史悠久，拥有多渠道灌溉网络和发达的灌溉系统。印度投资上千亿美元实施的规模宏大的"内河联网工程"，希望将国内主要河流与内河系统连接起来，以解决水资源时空分配不均的问题，缓解印度人多水少的矛盾。

出台和完善水资源纠纷法律。印度在 1956 年就出台了《邦际水事纠纷法》，使得邦际水事纠纷可以走法律程序得以裁决。在我国，由于相关法律的缺位，省际水事纠纷主要通过行政调解来解决。所以相关的水事纠纷法律的出台应该被提上日程。

跨国界水资源利用方面，在公平分配和适当补偿原则的基础上，与邻国密切合作，执行伙伴关系政策。当然在未来，还有待制定一个更全面的——"水—沉积物—生物多样性—土地使用"综合管理的条约，让所有沿岸国家都参与进来。水资源不应仅仅被视为一种共享商品，还应作为一种惠及所有利益攸关方的、支持生物多样性和生态系统的共同资源来管理。

---

① 钟华平、王建生、杜朝阳："印度水资源及其开发利用情况分析"，《南水北调与水利科技》2011 年第 9 卷第 1 期，第 151～155 页。

五、对我国黄河流域生态保护和高质量发展的主要启示

(一) 充分重视黄河流域能源开发与运输基础设施建设

国际上的大河流域多充分利用降水丰富和落差较高的河流禀赋，大力发展航运和水电，为本国经济的发展提供了动力和能源保障。而黄河流域的上游和下游的大部分区域处于较干旱的地区，年平均降水量较低，航运开发难度较大，但是其中游具有一定的航运开发条件。在此情况下，应充分认识到挖掘黄河航运发展潜能对黄河流域乃至我国区域经济发展的重要意义，通过科学技术手段解决航运发展中的关键技术问题，做好黄河中游航运开发的前期准备工作，恢复与发展黄河中游航运。[①] 更为重要的是，黄河流域是中国煤炭和电力最主要的生产基地与供应基地，未来黄河流域的开发应大力促进煤炭清洁高效利用，加大水电开发力度，为黄河流域各省区的经济和生活需求建立可持续的能源保障。[②] 此外，黄河流域虽不具备通江达海的条件，但仍可以如同莱茵河与多瑙河一样通过统筹水路、铁路和公路基础设施的建设，上游地区要注重补齐交通短板，中下游地区要注重大通道大枢纽建设，使得上中下游三大区域实现联动发展，以提高物流运输的效率和优化运输结构。

(二) 精心打造跨区域的黄河流域产业经济带

黄河流域尚未形成有竞争力的产业经济带的原因除了其所处地理

[①] 张贡生："黄河流域生态保护和高质量发展：内涵与路径"，《哈尔滨工业大学学报（社会科学版）》2020年第22卷第5期，第119～128页。

[②] 黄燕芬、张志开、杨宜勇："协同治理视域下黄河流域生态保护和高质量发展——欧洲莱茵河流域治理的经验和启示"，《中州学刊》2020年第2期，第18～25页。

位置的自然条件限制以外，更关键的是由于目前黄河流域经济的发展仍然深受"行政区经济"的困扰：纵向上，我国行政区划有严格的自上而下的级别隶属关系；横向上，同级别行政区之间竞争关系和分割现象明显，经济要素无法以黄河为载体在流域各地区之间进行配置。[①]世界上繁荣的大河流域经济带多是突破国家边界的，因此，黄河流域需要实现跨越行政边界区域的产业协同，在流域内建立相互促进的流域经济格局，使流域经济向高质量发展方向靠拢。通过政策引导和相应的激励机制，使流域各地区在产业发展方面根据自身优势进行差异化选择，错位发展。黄河流域以第一产业和第二产业为主的地区较多，这些地区可以通过发展技术密集型的高新技术产业寻求产业的升级。黄河流域经济建设要通过流域各地区间的产业分工合作，促进产业链在流域各地区间形成横向和纵向的贯通链接，在流域内构建多中心、网络式的产业体系，使流域内各地区都能形成支柱产业和特色产业，形成相应的产业集群，打造层次分明，功能互补的流域经济带。

（三）积极构建跨区域的黄河综合治理机构，将政府管理职能和市场化模式融合发展

从国际经验来看，欧洲的 ICPR 和 ICPDR、美国的 TVA 作为流域合作治理组织机构，打破了原有政治和行政边界，协调流域各国或地区进行协同合作，在流域开发治理过程中发挥着至关重要的作用。目前黄河流域的最高一级管理机构是黄河委员会，其缺乏全流域、全方位、多领域治理的实际权力，既难以协调流域内各地方政府的利益冲

---

① 于法稳、方兰："黄河流域生态保护和高质量发展的若干问题"，《中国软科学》2020 年第 6 期，第 85~95 页。

突，也难以承担黄河流域的统一管理职能。黄河流域内协同合作机制的缺失，导致了流域治理的碎片化局面，各行政区各自为政，上下游难以协调，流域的统一管理措施也难以得到有效实施，严重影响了流域治理成效。[①] 因此，有必要成立跨行政区划的、有实权的黄河综合治理机构来统一协调流域内各地方的治理和从长远角度进行统一规划。首先，要构建类似于 ICPR 等的以黄河流域为中心的综合治理机构，统一流域内各地区的治理目标，打破以地理为行政边界的治理格局，聚集流域内各地区的治理力量。其次，要明确综合治理机构的职能分配和对各地区涉水部门职能的统筹安排，确保从决策制定到计划实施各个治理环节的顺利落实。[②] 最后，可借鉴美国 TVA 经验，将该机构的政府职能与市场化模式融合发展，通过市场化的模式提高治理效率，如借鉴 TVA 通过发行债券来拓宽融资渠道，以减轻财政压力，并且可以倒逼该机构增强自身盈利能力和管理效率。

（四）尽快建立健全黄河流域合作治理法规与规划

黄河流经省区众多，自然资源禀赋和生态环境有其特殊性和复杂性，单靠目前分散的规章制度和地方性法规，不足以协调流域内各地区、各部门、各主体的利益冲突，需要对黄河的治理进行国家层面的立法，对全流域层面的综合性法律"立规矩"，以解决黄河流域内行政区各自为政、难以有效管理的问题，对黄河流域的特殊性问题实施针对性的举措，统一流域内生态环境保护管理规范，从而为黄河的综

---

① 张贡生："黄河经济带建设：意义、可行性及路径选择"，《经济问题》2019 年第 7 期，第 123～129 页。

② 于良："长江经济带创新发展的思考"，《全球科技经济瞭望》2020 年第 35 卷第 1 期，第 68～72 页。

合治理提供法律保障。同时还要适时地、及时地依据黄河流域的发展现状和治理现状，制定目标明确和内容清晰的黄河流域合作治理规划，以指引治理行动的开展。还可建立一套完善的激励制度，将黄河流域高质量发展相关的绩效指标纳入政绩考核体系，并采取措施监督以杜绝为满足政绩的无效治理行为。另外，黄河流域治理的规划要具备系统性，将治理规划与区域发展规划高度统一；要注重规划连续性，结合黄河流域各阶段的实际治理情况，统筹考虑已制定的规划，适时更新和加强，明确规划目标，细化行动方案；要注重科学性，将科学治理作为贯穿整个治理过程的宗旨和纲领。

（五）大力推动黄河流域生态保护与经济发展的协同共进

莱茵河与多瑙河流域的发展经验表明，"先开发后治理"或是"先治理后开发"的流域管理模式都将对流域的可持续发展带来一定的负面影响。流域的开发和治理并非对立的两个方面，既需要对流域开发以满足社会经济发展的资源需求，同时也需要通过流域的治理，保证流域资源得以可持续的利用。在美国田纳西河流域治理的案例中，TVA重视了生态环境和自然资源的保护，保障了该流域生态环境的改善，在TVA的治理下田纳西河流域不仅经济迅速发展，而且还通过丰富的自然资源吸引了无数游客。

黄河流域的高质量发展，首先需要在综合治理组织的指导下寻求生态保护和资源开发目标的协调统一。其次，在开发和治理的具体管理手段方面，流域开发项目需要同时考虑其环境效益，并积极应用新技术建立流域监测和预测体制，对经济活动可能带来的环境影响作出事前评估。最后，流域治理项目也需要同时考虑治理方法和手段的经济性和技术性，并尽可能使治理的收益成本之比最大化。^① 总之，黄河流域的高质量发展最终要以可持续发展为出发点，切实处理好流域环境保护与经济发展的关系，大力推动黄河流域生态保护与经济发展的协同共进。

执笔人：刘　勇　邵　晖

① R. J. H. M. van der Veeren，Lorenz C M. Integrated economic-ecological analysis and evaluation of management strategies on nutrient abatement in the Rhine basin. Journal of Environmental Management，2002，66（4）：361 – 376.

案例一

黄河流域水土保持工作的重点和对策建议

习近平总书记在黄河流域生态保护与高质量发展座谈会上提出要保障黄河长久安澜，必须紧紧抓住水沙关系调节这个"牛鼻子"①。长期以来，黄河安全问题的核心是下游河道泥沙淤积，减缓和控制黄河下游持续淤积抬升是黄河治理与安全的大局。黄河泥沙主要来自中游，这里塬梁峁川、沟壑深切，侵蚀严重，天然产沙占黄河每年 16 亿吨泥沙的 3/4。其中北干流周边约 8 万平方千米区域是著名的多沙粗沙核心区②，这里是对黄河下游河槽淤积危害最大的粗泥沙的主要来源地和水土保持的重点区域。水少沙多是黄河本性，要长期控制水土流失和通过水利工程体系拦截全面减少泥沙十分困难。黄河长治久安和持续抑制下游河道抬升的主要途径是提高多沙粗沙区水土保持工程和干流大型防洪减淤水库的调控效率，持续拦减进入黄河下游的粗沙和尽量排泄细沙。

---

① 习近平："在黄河流域生态保护和高质量发展座谈会上的讲话"，《求是》2019 年第 20 期，第 4～11 页。
② 徐建华、林银平、吴成基等：《黄河中游粗泥沙集中来源区界定研究》，黄河水利出版社 2006 年版。

一、基本情况

几十年来的黄河泥沙治理主要依靠坝系拦沙。除三门峡和小浪底等干流大型防洪减淤工程外，全流域已建骨干拦沙坝 6000 余座、淤地坝 10 余万座、塘坝逾 180 万座，其中 1100 多座拦沙坝和 70%～80% 淤地坝在多沙粗沙区。这些工程的拦沙效果十分明显。1986～2005年全流域入黄泥沙从 1986 年前 17.3 亿吨减少到每年 9.6 亿吨[①]，2006～2018 年北干流段（河口镇—潼关）各支流总体入黄泥沙减少了 90.2%，其中黄甫川、窟野河、秃尾河、无定河、延河和北洛河等粗沙流域每年减沙 4.5 亿吨，从潼关进入三门峡水库的年沙量降低到平均只有 1.76 亿吨。

但是，需要注意的是，黄河水土流失变化具有准周期性。20 世纪20 年代（1922～1931 年）三门峡断面平均年沙量只有 10.7 亿吨，尔后时段平均年沙量就剧烈增加，到三门峡水库蓄水前近 30 年平均的年沙量 18 亿吨，其中 1933 年达 39.1 亿吨。近 30 年黄河泥沙减少与气候变化也有一定的关系。在全球气候变暖大背景下，联合国气候变化政府间专家委员会预测今后东亚热带气旋将有加强趋势[②]，暴雨洪水和降水增加带来更大泥沙的风险仍然存在。当然，必须肯定通过拦沙坝和淤地坝等工程措施拦截是当前入黄泥沙显著减少的主要原因。

---

① 水利部黄河水利委员会：《黄河流域综合规划（2012—2030 年）》，黄河水利出版社 2013 年版。

② Working Group II to the Fourth Assessment Report of the Intergovernmental Panel on climate Change. IPCC. Cambridge, UK；New York，USA，2007.

二、主要问题

流域建坝，层层拦截，带来了今天黄河少沙的局面，一定时期内这种形势还会持续。但是，治黄必须居安思危。我们必须看到，使当前入黄泥沙减少的工程措施还不是可持续的，中游工程水保措施运用还存在严重问题，导致水土流失的环境条件还有可能逆转。我们必须在当前黄河安澜的难得机遇期，解决问题和寻找长治久安对策。

一是黄河中游以重力侵蚀为主，流域产沙的基本条件没有改变。当前区域退耕还林、绿化和坡地改造等措施肯定有一定减沙作用，但主要是淤地坝等工程措施的拦沙作用。黄河中游塬谷之间落差大、坡面陡，重力侵蚀范围很广，黄土高原一旦发生暴雨洪水，垮塌、切沟和泥石流等高强度水土流失仍然普遍，而且控制困难。例如 2017 年无定河流域发生 33～76 年一遇洪水，支流出口白家川断面最大泥沙浓度高达 873 千克/立方米[①]。近几十年，全球河流入海泥沙确实都在减少，但大量资料揭示流域侵蚀和产沙强度仍然在普遍增加[②]。当前黄河流域侵蚀减少与暴雨洪水减少等气候关系很大。随着气候条件变化，这些都是可逆因素。在全球气候持续变暖背景下，这种不确定风险更大。淤地坝等坝系拦沙可持续性没有解决。

二是淤地坝的安全风险很大。过去大量淤地坝主要都是简易的土质坝体，缺乏足够泄洪设施，运行管理粗放，安全程度很低，在大洪

---

① 余欣、侯素珍、李勇、史学建："黄河无定河流域'2017.7.26'洪水泥沙来源辨析"，《水利水运工程学报》2019 年第 6 期，第 31～37 页。

② Syvitski, JPM, CJ Vorosmarty, AJ Kettner, P Green. Impact of Humans on the Flux of Terrestrial Sediment to the Global coastal oceans. Science, 2005, 308（5720）：376～380.

水中容易翻坝和溃决。现有淤地坝设计寿命一般只有 15～25 年，即使骨干拦沙坝主坝的寿命也一般仅几十年。我国水利工程设计寿命一般几十年，三峡工程泥沙淤积按百年设计。三门峡水库因当时泥沙多，仅四年就基本失去拦沙能力；小浪底水库设计拦沙时间 20 年，现因上游大量拦减泥沙，预计寿命可提高 2～3 倍。其余骨干拦沙坝的寿命不超过上述情况。2017 年无定河暴雨洪水后，超过 60% 无排洪设施淤地坝溃决和受损。当前，流域有很多已经大量拦沙的淤地坝，若不尽快加以保护、采取措施加固和改进泄洪条件，拦截在坝后沟道中的大量泥沙"零存整取"、重新进入黄河的风险很大。这是当前淤地坝等工程水保体系的重要安全缺陷。

三是淤地坝等工程措施的拦沙能力很有限。尽管在多沙粗沙区可建坝数量很大，但总体拦沙库容仍然非常有限。2011 年全国水利普查显示，黄河流域已经淤满的淤地坝 67556 座，潼关以上 4775 座骨干拦沙坝[1]，总库容 48.6 亿立方米，已经淤积 20.2 亿立方米。即使按规划在多沙粗沙区全部完成 1.2 万座拦沙坝，粗略估计其总拦沙库容只有百亿立方米量级。[2] 按现在拦沙坝系排沙比普遍很低的运行方式，可拦沙时间只有几十年。

四是当前流域淤地坝使用方式存在严重问题。淤地坝没有主要用于拦粗沙为黄河下游减淤。多沙粗沙区各支流出口实测的高减沙比例资料表明，几乎粗细泥沙全部被拦截在坝后沟道中。实际上，即使是在多沙粗沙区入黄的泥沙中对下游有害的粗泥沙比例仍然很小。1995

① 李景宗、刘立斌："近期黄河潼关以上地区淤地坝拦沙量初步分析"，《人民黄河》2018 年第 40 卷第 1 期，第 1～6 页。
② 水利部黄河水利委员会：《黄河流域综合规划（2012—2030 年）》，黄河水利出版社 2013 年版。

年前长系列资料显示，在黄河干流出龙门每年 8 亿吨泥沙中，0.1 毫米以上粗沙只有 0.57 亿吨，支流粗沙比例也不足 20%[①]。淤地坝拦截对黄河下游有益无害的细沙，大量浪费拦沙库容和沟道空间，不符合高效原则，降低了水土保持工程的时效。区域高强度拦沙堆积和"黄河清"长期下去，还有很严重的生态环境后效应。

五是当前水保工程大量耗水。缺乏泄洪设施的淤地坝和具有一定库容的拦沙坝，在拦截泥沙的同时也大量拦水。多沙粗沙区也严重干旱，河川径流本来很少。1986 年前，潼关以上黄河中游天然总产水量只有 157 亿立方米。拦沙坝系拦截径流、增加水面和促进不适宜的引水和绿化都会导致高强度蒸散发和大量水资源消耗[②]。2006～2018 年，相应于干支流泥沙剧烈减少，中游各支流总水量比 1986 年前平均减少50%，潼关以上中游水量减少了 60%。大比例拦沙主要是因为淤地坝泄洪能力不足和拦沙坝高水位运行。如果不改进建设和调控方式，黄河流域规划要求在多沙粗沙区其余 1.2 万多座拦沙坝完成后，中游各支流势将变成"无水"河流。对干旱缺水的黄河和当地河流生态环境而言，这是一个重大问题。拦沙能力、安全和不能"拦粗排细"的运行方式显然不能支撑当前水土保持工程的可持续性，干旱地区大量建坝耗水对黄河水资源和生态安全的影响也必须高度重视。

三、当前工作重点和对策建议

为了黄河的长远安全，当前流域中游多沙粗沙区水土保持的基本

---

① 徐建华、林银平、吴成基等：《黄河中游粗泥沙集中来源区界定研究》，黄河水利出版社 2006 版。

② 宁怡楠、杨晓楠、孙文义等："黄河中游河龙区间径流量变化趋势及其归因"，《自然资源学报》2021 年第 36 卷第 1 期，第 256～269 页。

方式必须坚持下去。但是，坝系拦沙和水沙调控的方式必须改进。今后拦沙坝系的目标不应该再是多拦沙，而应该朝尽量"拦粗排细"和提高水库排沙比的方向转移。可持续的工程水保措施只能用于为黄河下游减淤拦截粗沙，尽快恢复黄河输沙才符合生态保护要求。

上述目标在技术上是完全可以做到的。实际上，现有淤地坝只要通过简单改造，增加泄洪设施，增加必要人工管理和维护，完全可以显著提高安全等级、拦粗排细和延长寿命。骨干拦沙坝通过控制降低水位拦沙，充分利用小型水库的分选机制就可发挥粗沙"筛子"作用，大幅度提高长远减淤效益。同时，过去大量已经废弃的淤地坝还有很高利用价值，加固改造后长期维护，不但可以巩固来之不易的拦沙成果，保护坝地，而且还能继续大量过滤粗沙，对下游减淤有很大的潜力。在当前黄河中游水土保持工程减沙已经明显过剩（黄河清）情况下，水土保持工作重点应该从建设转移到主要抓管理，保护、维护、改造和高效用好现有拦沙坝系，充分"拦粗排细"和延长寿命。这无论是在黄河减淤、生态、环保和投资边际效益，还是为给黄河下游长远安全留下更大回旋空间等方面都是最好的选择，是面向保障黄河下游长治久安必须处理好的重要关键问题。建议将为黄河下游拦粗沙作为当前和今后中游水土保持工作的重点。

长期做好多沙粗沙区水土保持的关键在管理和机制建设。淤地坝运行精细管理其实很简单，主要是闸门开关、拦沙水库水位控制和一定的监管维护。但是，这一持续性的简单技术工作，又需要专门动员力量、建立长远机制和地方政府支持才能完成。考虑到黄河多沙，中游多沙粗沙区长远水土保持是关系到黄河长治久安的最主要制约性因素，国家应该建立专门的水土保持机制。建议以黄河中游多沙粗沙区为核心，将榆林—延安—吕梁并沿黄下延到渭北约 10 万平方千米区域建设为以水土保持为核心，统筹文化保护传承弘扬、自然地理、地质和黄河特色景观保护与经济高质量发展的国家级保护区。

在保护的前提下，黄河中游需要加快强推进高质量发展。一方面，黄河中游是保护传承弘扬黄河文化重点区域，是中华民族重要发祥地，是华夏文化交融发育发展发扬区，是历朝历代文化遗址高度汇聚的地方，是大禹治水尊重自然思想的诞生地，更是红色文化和民族崛起的摇篮。另一方面，塬梁峁川、沟壑地貌、晋陕大峡谷、壶口浑水瀑布、天下黄河第一湾等自然地貌和景观都具有独特而不可替代的自然遗产价值，它们是黄河文化的自然基础。同时，黄河中游更是构建沿黄中心城市和城市群高质量发展的关键区域。黄河中游以晋陕峡谷为中心的区域，贯通黄河上下，人口众多，产业基础雄厚，市场空间广阔，以能源化工为主的资源禀赋优越，具有很好的发展基础。但是，区域农业发展条件较差，城镇化比例很低，不利于区域保护，交通等基础设施不足，经济结构比较单一，科技创新能力不强，区域联动性亟待改进，按照《黄河流域生态保护和高质量发展规划纲要》建设黄河中游发展实验区要求，亟待统筹区域保护与发展。

保护区以生态保护为核心，提升当地产业和特色经济能力，积极推进城镇化和鼓励农民转变身份，按高效经济农业定位收缩现有粗放农业规模，全面推动区域农业向集约和节约方向发展。以加强交通设施建设与互联互通为抓手，促进区域内文化旅游等生产要素高效流动；以转变工农业发展方式、增加居民收入、扩大区域消费为基础，以增收为目标促进农业向集约节约现代化方向发展，加强传统能源清洁化方向低碳高效利用；以大发展促大保护，支持红色主流文化、黄河传统文化保护，对晋陕峡谷及周边自然景观和地质地貌加强保护，构造黄河北干流两岸文化旅游节点和网络，创新性推进黄河文化的保护传承弘扬。同时，保护区全面承担淤地坝保护、维护和管理任务，高效提升淤地坝等为黄河下游长治久安拦粗沙效率和坝系使用寿命；支持退耕还草，加强固沟保塬、坝地保护和符合当地环境条件植树植草等水保措施。

执笔人：张　曼　周建军

案例二

黄河流域能源富集区高质量绿色发展的对策建议

——基于对内蒙古阿拉善高新区的调研

近年来，黄河流域的生态保护和高质量发展在我国经济社会发展全局中意义重大。黄河流域的上游、中游和下游地区在自然地理条件、资源禀赋、人口密度、经济发展水平等诸多方面存在较大差异，因此在走生态保护与高质量发展之路时所面临的突出问题也有所不同，必须区别对待。其中，内蒙古、陕西、山西等沿黄地区蕴藏着丰富的能源和资源，煤炭、石油等能源资源的储量在全国地位举足轻重，已经逐渐发展成为我国重要的能源重化工基地，具有重要的战略意义。但是，区域生态环境本底脆弱、水土流失严重，长期以来粗放的发展模式对生态环境造成了严重破坏，水资源短缺、环境污染等问题突出，资源环境承载力过载，个别河段生态功能丧失[①]。经济发展和生态保护的矛盾非常尖锐，迫切需要采取适当的对策。

最近，我们利用为阿拉善高新区编制"国民经济和社会发展第十四个五年规划"的机会，对该地区进行了较深入的调研，认为该高新

---

① 金凤君、马丽、许堞："黄河流域产业发展对生态环境的胁迫诊断与优化路径识别"，《资源科学》2020 年第 42 卷第 1 期，第 127～136 页。

区在产业结构、生态保护面临的问题等方面在沿黄能源富集区具有一定的典型意义和代表性。本文基于对阿拉善高新区在处理保护与发展的关系中的问题识别、成因分析与对策研究，为这类区域探索如何走高质量绿色发展之路提供一定的借鉴。

一、阿拉善高新区的基本情况

内蒙古阿拉善盟西倚贺兰山脉，东临黄河。区域辖阿拉善左旗、阿拉善右旗、额济纳旗3个旗和阿拉善高新技术产业开发区（以下简称"高新区"）、乌兰布和生态沙产业示范区（以下简称"示范区"）等4个自治区级开发区。考虑到黄河流经阿拉善盟85千米河段的分布，高新区和示范区是我们以下分析和研究的重点。

高新区是阿拉善重要的经济支柱，是自治区级重点开发区之一，位于鄂尔多斯—乌海—阿拉善"小金三角"的交汇点。高新区及其周边矿产资源和煤炭资源富集，并分布有吉兰泰盐湖等，已经以煤化工和盐化工为主形成了相当规模的产业集聚。示范区南接高新区，北至巴彦淖尔市磴口县，南北长约90千米，东临黄河，总规划面积约1000平方千米。高新区以防沙治沙为主要使命，其定位为黄河西岸生态综合治理区；重点发展生态沙产业，目前已经有27家企业入驻。阿拉善盟为平衡保护和发展矛盾，于2019年提出实施高新区和示范区一体化发展，管理体制实行区政合一，即通过两个区统一的行政管理，推动产业发展协同化、空间规划一体化、公共服务同城化。尽管区域生产总值、工业增加值和财政收入等主要经济指标呈逐年上涨态势，但是在绿色发展方面存在较为突出的几个问题。

（一）化工产业粗放发展，水资源消耗巨大、水污染问题突出

高新区企业大部分属于基础化工产业，煤化工、盐化工、精细化工占比达到90%以上，特别是煤化工和盐化工占比高达60%以上。工业企业160户，规模以上工业企业53户，主要工业产品120余种。金属钠、氯酸钠、焦炭、焦炉煤气制甲醇、靛蓝等项目由于产能较大，在国内外均有一定的影响力。其中，煤化工和盐化工产品种类以焦炭、电石、烧碱等化工基本原料和中间原料为主，而精细化工以承接东部地区转移的生产制造环节为主。这三大主导化工产业处于中低端环节，附加值不高，对水资源消耗量大而且容易引发水污染。

首先，园区对水资源需求量巨大并且水资源产出率不高。以煤化工为例，按现有工艺水平，利用煤直接制油的吨油水耗约为6吨，间接制油的吨油水耗为6~9吨；煤制天然气的每立方米天然气用水量为8.1吨；煤制烯烃的吨产品水耗达22~30吨[①]。以2018年为例，高新区总用水量为3008万立方米（其中黄河水为2220.6万立方米，占总用水量的74%）。水资源产出率并没有达到《工业园区循环经济评价规范》中的基准值[②]。区域发展水源主要来自争取到的黄河水权指标以及贺兰山和黄河补给的地下水。近年来随着产业规模的扩大，用水需求相应增加，导致地下水开采量增加、地下水位下降，进而造成了地下漏斗的隐患并影响了生态系统平衡。若今后其千亿元园区建设目标逐步实现，在现有技术水平下用水需求缺口将会进一步加大。

其次，园区企业环境友好程度、产业耦合度和水资源梯级利用程度等都不高，并且废水成分复杂、处理成本高和难度大。同样以煤化

[①] 水究竟会怎么覆舟？中国环境报电子报（2015年10月8日）cenews. com. cn。

[②] 参考阿拉善经济开发区循环化改造实施方案。

工为例，其产生的废水包括高浓度有机废水和含盐废水两类。有机废水含有大量石油类排放物和挥发酚排放物，其特点是含盐量低、污染物以 COD 为主；含盐废水特点是含盐量高、难以降解。尽管高新区建有污水处理厂一座，对外宣称实现了零排放，但是为降低成本，企业依然倾向于用晾晒蒸发结晶方式进行处理。这种方式隐患较高、结晶更难处理，业内争议较大，并非长久之计。整体看，企业和园区对绿色基础设施和先进技术的投入还有待提高，产业链缺少系统性优化。随着水源保护力度的加大和用水总量控制红线的落实，产业生态化水平亟待提升。

(二) 区域生态环境退化严重，防沙治沙任务艰巨

阿拉善气候干旱，分布有巴丹吉林沙漠、腾格里沙漠、乌兰布和沙漠和巴音温都尔沙漠四大沙漠。对森林草原的过度利用以及频繁发生的沙尘暴破坏了植被及其自我恢复功能，沙漠边缘固沙植被带退化，绿洲面积萎缩、地下水位下降，生态功能退化严重，生态系统受到严重威胁，生态修复难度大。沙漠沿黄河区段位于乌海市乌达区与巴彦淖尔市磴口县之间，流沙入河抬高了河床并加快了淤积，水面已经高出磴口县城所在地，形成了"地上悬河"，对黄河行洪安全和人民群众生命财产安全构成了严重威胁。特别是，乌兰布和沙漠每年以 8~10 米的速度前移，每年有 2800 万~6000 万吨泥沙流入黄河，是流域单位长度的含沙量增幅最大的区域之一，防沙治沙任务具有高度的紧迫性。

阿拉善盟区域内的沙漠地带不仅对黄河造成严重威胁，影响了水沙平衡，还以沙尘暴沙源地等形式给京津乃至整个华北地区带来严重的生态危害。不仅如此，乌兰布和沙漠现在已经越过黄河推进到乌海

市境内，呈现出可能和鄂尔多斯市境内的库布齐沙漠握手的苗头。可以说，作为我国主要的沙尘源头区域，阿拉善也是我国抵抗风沙入侵的生态屏障。综合治理黄河西岸乌兰布和沙漠已经到了刻不容缓的地步。实际上，高新区多年来一直持续进行沙漠治理，采用封飞造结合、乔灌草配套的生态治理模式；形成了沙子土壤化、飞播造林、人工种植梭梭、接种肉苁蓉、围栏封育、种苗繁育、抗旱节水等一批成熟的实用技术；采取了对特定沙区完全禁牧、部分沙区季节性休牧，实行封沙育林（草）、发展舍饲养殖，依靠自然修复生态等有效举措，生态保护建设初步走向产业化发展。但随着防沙治沙工作的推进，造林难度加大，造林成本增加，资金保障成为难点。尽管阿拉善也获得了多渠道的资金支持，但是现有资金总量和保护需求相比依然有较大差距。

二、阿拉善高新区面临的问题在黄河能源富集区具有一定的普遍意义

将视野从调研对象的内蒙古阿拉善高新区扩展到整个黄河能源富集区，可以发现比较普遍地存在着与阿拉善高新区相类似的以下几个方面的问题。

（一）能源矿产开发叠加于脆弱的生态环境之上，加剧了生态压力

一方面，该地区降水量普遍较小，地表蒸发量大，土地荒漠化与水土流失严重。山西、陕西大部分地带处于黄土高原地区，内蒙古更是存在大面积的沙漠地带。仅仅以上 3 省区年水土流失量就已达到 16

亿吨，占全国的近 50%①。另一方面，能源矿产的资源禀赋以及迅速扩张的市场需求，使得沿黄地区成为能源矿产开发的集中地区。大规模、粗放的矿山开发和矿产资源加工，加剧了地表水资源的损耗和水土流失，并且影响了饮用水安全，引发湿地萎缩、导致局部生态环境退化的事例也不鲜见。

（二）能源与化工产业水耗巨大，加剧了水资源短缺

该区域分布了多个亿吨级大型煤炭基地、千万千瓦级大型煤电基地以及现代煤化工项目②。这些项目无一不需要大量用水，其需求已超出流域水资源承载能力，个别地区极度缺水，水资源供需矛盾突出。随着城镇化和工业化的持续推进，水资源短缺的压力也会进一步增加③。

（三）化工废水处理难度大、成本高，容易产生水污染

黄河流域以占全国 2% 的水资源总量承担了全国近 10% 的污染排放，工业废水排放量平均每年超过 40 亿吨，其中相当大的部分集中在沿黄能源富集地区，已远超出生态承载力④。2018 年，流域地表水水质达到或优于 III 类比例为 66.4%，水质劣于 V 类比例为 12.4%，为轻度污染⑤。沿黄地区已形成园区化、基地化的产业格局，排污量大、

---

① 魏曙光、姜宏阳："黄河中段生态安全、重化工业升级与智慧绿色发展"，《经济论坛》2020 年第 10 期，第 62～73 页。

② 《国务院办公厅关于印发能源发展战略行动计划（2014—2020 年）的通知》（国办发〔2014〕31 号），2014 年 11 月 19 日，中国政府网（www. gov. cn）；张春晖："黄河流域煤炭开发须做好'保水'文章"，《中国煤炭报》2021 年 1 月 26 日，第 4 版。

③ 连煜："坚持黄河高质量生态保护，推进流域高质量绿色发展"，《环境保护》2020 年第 48 卷第 1 期，第 22～27 页。

④ 魏曙光、姜宏阳："黄河中段生态安全、重化工业升级与智慧绿色发展"，《经济论坛》2020 年第 10 期，第 62～73 页。

⑤ 路瑞、马乐宽、杨文杰、韦大明、王东："黄河流域水污染防治'十四五'规划总体思考"，《环境保护科学》2020 年第 46 卷第 1 期，第 21～24、36 页。

污染处理成本高等问题突出，安全生产事故容易引发生态环境健康风险。

三、水生态安全是沿黄能源富集区高质量绿色发展的关键短板

生态脆弱以及水沙问题是沿黄能源富集区长期存在的问题，而能源重化工开发所引发的环境问题，完全伴生于 20 世纪末以来的工业化进程。而这两方面的问题，可以大体上归结为水生态安全的问题。也就是说，水生态安全问题是该区域走高质量绿色发展之路所必须补齐的关键短板。

有专家认为，黄河治水的主要矛盾已经从基本水安全、水需求保障不足，转向更高质量水资源、水环境、水生态服务供给的不足①。突出表现在水资源利用过程中并没有系统性考量水保护的需求，发展能源重化工业与"水环境、水资源、水生态、水安全"保护之间的矛盾尚未得到妥善解决。我们认同这样的观点，同时还认为，从流域治理的视角出发，补齐水生态安全的关键短板需要破除一些关键性的制度障碍。

（一）需要建立统一、高效的协调、合作机制

大部制改革解决了自然资源所有权、管理权不清的问题，并且明确了生态管理部门的统一监管权。但是生态文明建设背景下针对流域大保护的体制机制尚未理顺，还缺少强有力并且有效的协同机制。黄河治理中的部门矛盾随着生态文明体制改革的深化虽有所缓和，但依

---

① 王亚华、毛恩慧、徐茂森："论黄河治理战略的历史变迁"，《环境保护》2020 年第 48 卷第 1 期，第 28~32 页。

然存在。水利部最近成立了推进黄河流域生态保护和高质量发展工作领导小组，尝试构建中央统筹的工作机制，实际效果有待观察。

沿黄能源富集区各地区之间由于资源禀赋相似，出现了竞相上马资源开发项目的情况，边污染边发展的情况依然存在，存量和增量问题交织。总的来看，区域管理主体和流域管理主体之间存在权责不清、监管困难的问题；河长制和流域管理体制之间尚未实现有效衔接。在这样的背景下，需要以协同治理的理念重新思考流域保护和管理中的体制机制问题，并且需要赋予协同机制更大的约束力，才有可能引导治理主体各方共同参与黄河大保护。

（二）需要建立以绿色发展为导向的制度安排

从产业发展角度看，在生态优先的目标下更需要强调流域层面的地区间产业合作和产业布局的统筹。需要制定能相互衔接的区域、流域以及产业绿色发展的规划，并配套可将以水定城、以水定地、以水定产落实到位的空间管控制度。为妥善处理好产业发展与水生态安全之间的关系，产业准入标准、污染物排放标准、联防联控机制等政策工具也是必不可少的。

从生态保护角度看，流域层面还有待建立系统的调节生态保护者、受益者和破坏者利益关系的利益导向机制。实际上，这些地区同时也承担了生态修复、水土保持的重任，生态建设资金缺口非常大。国务院1987年颁布的《黄河可供水量分配方案》对于合理配置黄河水资源取得了一定的效果，防止了黄河断流的情况，但当时并未将生态用水纳入考虑。随着对黄河保护科学认知的进步，多方呼吁水权分配需要考虑生态用水，例如地下水补给、生态治理用水等。水权交易目前还只是以试点形式展开，有待总结推广。另外，黄河大保护根本上是要保障黄河水生态系统的质量和稳定性，需要在生态产品供给中，借助社会力量的参与规避"政府失灵""市场失灵"的现象。但是目前来看，黄河治理中社会力量的参与程度需要加大。公众期待获得更多关于母亲河的保护信息，有知情权以及参与渠道；黄河生态治理中生态保护的市场化机制有待完善，生态产品价值实现的路径尚需探索。

四、对黄河能源富集区高质量绿色发展的思考

综上所述，黄河能源富集区走高质量绿色发展之路，需要充分尊重流域生态系统特征和经济规律，要"注重保护和治理的系统性、整体性、协同性"。各地需要结合自身资源禀赋等特征，积极探索水资源保护和发展互促的多种措施。另外，2030 碳达峰、2060 碳中和的目标更是对能源产业提出了紧迫的转型要求。针对上述情况，我们认为可以在以下几个方面重点突破。

（一）加强顶层设计，强调协同、系统性治理

我国正处在告别高速增长阶段进入高质量发展阶段的时期，这同时也是优化产业结构、转化增长动能的关键时期。当前正值各地开展"十四五"国民经济发展规划的编制，需要将绿色发展理念全面融入各项规划和制度中。针对能源化工产业集聚发展和流域水生态环境保护要求之间的矛盾，建议在国家层面出台《黄河流域能源富集地区高质量绿色发展指导意见》，综合考虑流域生态红线、生态承载力阈值等约束，制定区域性产业准入与退出标准及配套政策体系。推动区域、流域、产业规划体系衔接，统筹推进污染防治、生态环境保护和资源

能源管理。围绕水资源保护利用，搭建统一的信息共享平台，实施更严格、更透明的监管和执法。突破部门之间的权责壁垒以及区域之间的边界，统筹生态环境、自然资源、应急管理、水利、农业等多个部门，明确各自管控与治理的要点以及部门间协调机制。还应建立跨行政区协调机制，落实各省区主体责任，实行流域水环境保护修复联防联控机制。积极借鉴东部地区工业园区绿色发展经验，鼓励沿黄工业园区以资源节约型、环境友好型为导向逐步实现产业升级。除此之外，还应关注生态环境脆弱的陆域和水域的保护。

（二）探索基于自然的、科学合理的综合性治理措施

首先，从水沙关系入手，针对水土流失治理、水源涵养、水沙平衡等目标，以水生态安全为核心，从山水林田湖草沙系统治理角度出发，实施分区分类的科学保护和修复，探索基于自然的解决方案。强调系统性综合治理，改善过去偏重单项治理措施、人造生态系统较多的状况。加强对流域生物多样性和生态系统的关注，减少对生态空间和生态系统的负向扰动，保障生态系统的完整性和连通性，尤其是在生态红线内区域应更多发挥生态系统自我修复的能力。注意区域之间的差异化，比如生态红线内外、黄河滩涂区和沙漠地带等应有所区分。加强对生态修复工程的部门间整合和协调，更新并统一水利部门水土保持工程和自然资源部门山水林田湖修复工程的标准。生态修复工程的方案均应经过科学论证，确保其符合生态理念并能保证生态修复质量。

其次，与工业园区相关的清洁生产、生态工业、循环经济等方面的理论和实践已日臻成熟，并且国内外都有成熟的技术以及管理模式可以借鉴。对沿黄工业园区而言，节水治污应该成为其最核心的环境

治理任务。有必要专门针对水资源的循环利用设定配套的技改和管理方案，从水资源优化配置、产业准入标准、生态红线等方面全面构建节水高效、清洁安全的工业产业体系。制定更为严苛的质量安全标准，实施以水资源环境指标为约束的"倒逼"机制，对水资源消耗总量和资源消耗强度双控制，倒逼企业技改、转型、升级。其中，应高度重视排水回用、对非常规水源的利用、高盐废水的资源化处理等问题。关注环境和健康风险，尤其是针对特征污染物和新兴污染物。加大生态环境保护检查执法力度，整治污水偷排、直排、乱排以及乱种、乱搭、乱倒等问题。

（三）以制度创新为突破口，推动绿色转型

黄河流域能源富集区的绿色发展转型需要循序渐进并有意识地以制度创新为引导，实现保护和发展互促。

加大财政支持力度，设立支持黄河流域生态保护的专项资金，用于重大生态治理工程，解决生态修复存在的巨大资金缺口问题。创新绿色投融资机制，引导不同渠道的资金注入黄河流域生态治理。探索市场化、多元化的生态补偿机制，总结内蒙古等地水权转让试点工作经验，在水资源配置过程中引入水权交易，鼓励跨省的水权有偿转让和工农业水权置换。完善水资源价格体系，制定再生水管理政策、阶梯水价政策等，通过市场机制将节余水量配置到水生产率高的领域，改善用水结构不合理、农牧业用水效率低等问题。扩展绿色环保公益项目，鼓励其从个人参与扩展到企业参与，全社会分担保护母亲河的成本。创新组织模式，推广山西等地的大户治理、"四荒"拍卖等先进经验。

完善激励机制，设立专门用于绿色发展转型、生态修复方面的绿

色发展基金，制定财政补贴、税收减免、低息贷款等政策，支持绿色技术研发应用、绿色环保基础设施建设，尤其是借助 5G 技术、物联网等技术手段，推动传统产业信息化，降低减排成本，发展清洁生产。抓住机遇，节水、减碳协同，鼓励创新性项目，比如在节水降污项目中，借鉴节能项目中的合同能源管理，实行流域环境质量合同管理等。

研究调动沿黄地区各级政府参与黄河保护的激励机制，形成全社会合力参与黄河大保护的新格局。如阿拉善盟通过工业反哺生态，高新区在发展经济的同时承担了乌兰布和沙漠治理的任务。以沙换水，通过治理沙漠换取适量的水权配额，增加生态用水；或者享受电价等方面的优惠，降低治理成本。积极探索生态修复基础上的生态产品价值实现机制，推动在生态建设基础上发展生态产业，带动周边百姓获得保护收益。

完善河长制湖长制，同时将资源消耗、环境损害、生态质量、生物多样性保护等内容纳入各级领导干部政绩考核体系中，作为《生态文明建设目标评价考核办法》的重要内容，引导地方政绩观转变，带动绿色投资，实现经济高质量绿色发展。

执笔人：王宇飞